數位轉型力

Digital Transformation

最完整的
企業數位化策略 ╳ 50間成功企業
案例解析

全面剖析生產營運｜消費者端｜商業模式｜商戰實例
成本降低、顧客滿意、獲利翻倍！

詹文男、李震華、周維忠、王義智、數位轉型研究團隊

合著

【專文導讀】
數位轉型，勢在必行！

　　協助我國發展數位經濟，促進政府與產業的數位轉型，是資策會的使命，也是核心價值。特別是在數位科技跨領域快速發展的趨勢下，資策會自我期許扮演好「數位轉型化育者」的角色，積極協助產業加速數位轉型，提升台灣產業在國際市場競爭力！

　　數位轉型的概念在 2011 年就已顯現雛形，觀察過往數位企業與未數位化企業在市場上的競爭案例，如今未數位化企業必須積極擁抱數位科技，才能抵抗數位企業侵蝕市占率的狀況。2016 年世界經濟論壇（WEF）之所以呼籲，全球各國政府務必重視數位轉型對產業競爭力及未來發展的影響，就是看到近五年來數位型企業對未數位化企業所帶來的衝擊。這是全球產業的未來大趨勢，台灣的產業更不能置身事外。

　　數位轉型的推動是一個持續努力的過程，除數位新科技的導入外，組織的管理制度、人才培訓、全員參與及文化思維等，也都是很重要的因素，而成功的關鍵則在於經營者必須有強烈的主導推動意願，同時選擇適合的數位工具。

　　為了協助台灣產業數位轉型，資策會在 2019 年成立了數位轉型學堂，結合國內許多資訊科技軟、硬體的廠商，希望透過系統性的評估診斷及現場的個別輔導，幫助企業從了解本身的體質開始，探索進入數位轉型的切入點，至今已有許多組織在資策會和資訊服務產業的協助下，展開數位轉型之旅！

　　許多對數位轉型的誤解，其實都是因為不了解，而坊間與數位轉型相關的書籍又充斥著大量的專有名詞，讓企業很難快速地理解。為協助台灣企業清楚什麼是數位轉型，本會的產業情報研究所（MIC）特邀集產業顧問群，帶領十餘位資深產業分析師撰寫本書，透過 MIC 累積 30 多年的精實產業技術研究能量，協助廠商釐清數位轉型的核心觀念與相關專有名詞，解析全球 50 家企業的成功轉型案例，並期許本書能為台灣企業帶來啟發，作為規劃或進行數位轉型的最佳參考工具書。

財團法人資訊工業策進會執行長

卓政宏

2020 年 5 月

【推薦序 1】
數位轉型的顛覆與被顛覆

　　本書問世於新型冠狀病毒全球大擴散期間，疫情影響之廣泛，適足說明在全球化的強大浪潮之下，沒有任何企業能夠置身事外。疫情爆發期間，各項新經濟中的新技術紛紛出籠或擴大應用，從疫苗與新藥的加速模擬研製、教育與經濟活動大量往線上移轉、正確防疫措施與訊息的篩選與推播、醫療設備製程與消費物流的優化等，凡此種種，更誘發企業進一步思考：究竟如何應用新科技加速轉型，才能妥善因應未來世界與市場更多的不確定性。

　　在傳統經濟模式下的市場變動週期緩慢且線性，消費者長期以來習慣接受企業透過廣告行銷工具以產品來驅動其消費行為，企業亦習慣以產品或組織功能為中心來進行研發與商業部署，因此易於產生組織協調度低、決策週期長、市場回應能力緩慢的弊病。然新經濟數位時代下，對於「爆紅」與「秒殺」等此類因個人化使用者需求爆量激增所特有的需求驅動現象，許多企業往往不明究理、招架無力，以致最後被競爭者以創新應用所顛覆或取代。

　　在新經濟中，企業應「以消費者為中心」，通過創造優質的客戶價值與體驗，來帶動業務的快速增長。相對於傳統的規模經濟，互聯網模式業務能夠迅捷地反應市場需求，引導並確保爆增的業務持續穩定，同時不斷優化使用者體驗。因此，如何小步快跑，以低成本的方式不斷試錯，同時利用雲服務的特性持續將各種如大數據、物聯網、人工智慧等

新技術，**轉換為業務創新或產業升級的新動能，將成為企業是否得以轉型成功並永保長青的戰略基石**。

　　欣見資策會產業情報研究所在詹所長的率領之下，藉由本書針對此一橫跨產官學研的重大議題進行深入的研究。其中不僅詳述了「數位轉型」的核心概念與方法，列舉了 10 餘項有關新技術如何應用、協助轉型並尋找商機的適例，所羅列的國際創新成功個案，更有高達八成的廠商是與 AWS 共同合作創建。本書在數位轉型議題因新冠疫情衝擊的關鍵時刻下付梓，深具意義，面對不可預知的未來挑戰，相信定能為台灣企業帶來更加深刻的戰略啟發。

亞馬遜網路服務有限公司香港暨台灣總經理

王定愷

【推薦序 2】

企業需加速價值轉化，
才能落實數位轉型

　　2020 年一開年，新冠肺炎爆發，全球幾乎無一個國家能倖免受苦受難。至今（2020 年 4 月 17 日），全球確診人數逾 218 萬、死亡人數超過 14 萬，而且疫情還在延燒當中。慶幸的是台灣防疫成效卓越，各國爭相稱道。除歸因於 SARS 的防疫經驗、完善健保制度及一流的醫療體系，也歸功於政府積極面對疫情、快速應變調整，有效防止疫情持續擴散。

　　世界各國為降低疫情對人命與身體健康造成的傷害，陸續下達鎖國令、封城令，對全球經濟造成嚴峻的衝擊。國際貨幣基金（IMF）在今年 4 月 14 日大幅調降全球經濟成長為「負 3%」，此為 1930 年代大蕭條以來全球最大的經濟衰退，疫情對各行各業的衝擊將難以想像。台灣為救經濟，政府鼓吹企業落實經營風險，加速跨國布局及數位轉型。

　　此時此刻，資策會 MIC 新書《數位轉型力》最值得企業參照，尤其是資通電子產業。本書為 MIC 產業顧問帶領資深研究團隊的最新作品，內容完整闡述數位轉型的核心概念與方法論，並提供 50 家國際公司的創新個案。

　　近年來，資策會與電電公會充分合作，推動資通電子產業智慧製造，帶領頻率元件、LED、電線電纜等次產業的轉型。從智慧設備到智慧生產再到智慧營運，協助公會會員從設備聯網、數據收集、可視化管

理、數據分析，也導入 AI 應用達到製程優化與決策分析。鑑於數位科技滲透的範圍和深度，已經從企業流程、營運方式、供應鏈整合、商業模式，一直深化到組織決策和產業生態系統。然而，不同企業數位化程度不一，需求不同，數位轉型的路徑也應對症下藥。去年 10 月，資策會與電電公會更決定共同推動公會會員數位轉型。資策會 MIC 新書《數位轉型力》深入淺出地說明數位轉型觀念與評估，具體提供營運面、顧客面、商模面從 level 0 初始化到 level 4 智慧化的各項指標，協助企業掌握在數位轉型的成熟度，也清晰地讓讀者了解數位轉型的導入程序及在管理面的問題。書中提到未來最重要的 11 項數位科技，同時提供國際知名企業轉型的動機、方向、啟發，引導數位轉型的思維。此書最值得公會會員深讀，擷取成功經驗，加速導入數位轉型。

個人覺得 Part 4 案例篇的「數位轉型個案分析」，是本書最精彩的部分，每個案例都有特色。最重要的，每個案例都包括了轉型啟發，提供給國內的廠商很好的轉型參考。大部分的商模再造案例，還是基於數位科技，藉著合作或併購，提供創新服務或是解決方案。我們熟悉的微軟（Microsoft），從產品公司走向雲端服務的巨大成功。我們看到輝達（NVIDIA）傑出的 vision，率先進入 AI 的領域，成為人工智慧晶片的領頭羊。台灣也有多家企業致力數位轉型，研華（Advantech）從早期的製造業，藉由物聯網、大數據、機器學習、深度學習及 AI 科技，轉型為系統整合業者提供解決方案，是最典型的例子。商模再造也許是數位轉型的最高境界。這些案例給我們許多轉型的方向，也充滿了轉型啟發。

今年 4 月 13 日，台灣人工智慧學校執行長、玉山金控科技長陳昇瑋，經送醫搶救多日仍不幸辭世。陳執行長英年早逝，科技業與學界人士形容這是「人工智慧（AI）界最悲痛的一天」。我對陳執行長印象最

深刻的是，他認為「企業如果一直談 AI，沒有談 Business Model，沒有談數位轉型，沒有思考如何創造價值，這非常危險。」「真正的數位轉型，是當 AI、5G 等新的數位技術帶動顧客期待改變的時候，企業必須改變人力、組織、流程與文化，以新的 Business Model 回應市場新的期待，找到新的價值，這種價值轉化的過程，才是數位轉型真正的定義。」

我們紀念陳執行長，大家應藉由資策會 MIC《數位轉型力》，共同努力加速企業的價值轉化，真正落實數位轉型。

台灣區電機電子工業同業公會理事長

李詩欽

【推薦序 3】

數位轉型力：射擊後不斷瞄準

你有能力數位轉型嗎？談到「能力」，讓我想到牛頓的力學三大定律。

第一定律是慣性，在沒有外力的情況下，物體動者恆動、靜者恆靜。數位轉型最大的困難是組織的慣性，沒有外力，只有理想，當然很難推動。

第二運動定律提到改變慣性靠外力，一切皆可預測，因為外力是有大小與方向的，物體改變的加速度跟質量成反比。這波新冠疫情，可以是推動數位轉型的外力，因為在家上班、雲計算、遠距會議、遠距課程、無人化智能工廠、電子商務……成了企業求生存的剛需。但是質量越大的企業，改變的速度越慢。外力大到一個地步，常常會造成產業重組。

第三運動定律，凡外力必產生反作用力。任何的數位轉型，一定會引起阻力，可能是從技術、組織、財務、市場來的阻力等等。

不過，以上講的，可能都是錯的。

因為，「隨經濟」強調這個世界是活的，很難計算出外力的方向與大小。因為測不準，數位轉型最大的挑戰是很難在事前有完美規劃，而是需要持續地修正。我們都知道，病毒跟細菌總是不斷地變種，身體的免疫系統的持續修正，才是面對多變環境的對策。人與人的相處也是持續地修正才能維持恆久的長期關係。但是在數位轉型的過程中，人們忘記了這個特點，企業追求事先的完美規劃，並且把所有的修正跟調整都

解釋成計畫的錯誤。數位轉型重要的，不是一成不變的起初規劃，而是持續的反覆的修正。世界的不確定越高，出發點的規劃越不重要，反而修正的技術會比完美的規劃來得重要。這就是隨經濟所強調的：「不只是來福槍的瞄準後射擊」更是「空對空飛彈的射擊後不斷的瞄準」。

　　這本書分作觀念、理論、實作、與案例四篇，在觀念篇中告訴我們為什麼需要數位轉型、在理論篇談到了數位轉型的構面與指標、實作篇提出了方法論與新興科技、案例篇提供了很多真實世界中的經驗。但是更重要的，新的雲端科技可以用訂閱的模式完成數位轉型，其中意味著持續修正的模式越發容易。我們需要更多的案例與方法論來幫助我們持續的修正。這本書滿足了這個需求。

台灣科技大學資訊管理系特聘教授

盧希鵬

【各方推薦】

　　數位轉型並沒有一個 SOP，企業需要從自己的特點出發找到切入點，從實踐中學習強化。本書兼顧數位轉型的理論架構與眾多實例，很值得作為企業轉型時的參考依據。

國立台灣大學管理學院院長

胡星陽

　　環境激烈地變動，能成功數位轉型的企業，終將是天擇過程中的適者。本書將帶領您的企業進入適者的隊伍。

國立中央大學資訊管理學系特聘教授

范錚強

　　如何提高科技含量、加速數位轉型，是許多企業必須面對的課題。本書對於數位轉型的觀念、方法到實例，有完整而務實的探討，非常推薦。

全家便利商店董事長

葉榮廷

　　本書深入淺出地說明數位轉型的 why、what、how，並蒐集分析各領域的經典案例，兼具高度、廣度與深度，對企業推動數位轉型定能有所助益！

中華電信董事長

謝繼茂

目錄 Contents

【前言】

數位轉型力，就是市場競爭力

　　在多元數位科技迅速發展的趨勢下，近來不論是資／通訊科技服務業者、產業公／協會，甚至政府官員都大聲疾呼，業界應該積極進行數位轉型。然而，雖然相關口號震天價響，但產業界的回應似乎不是那麼熱烈，這究竟是為什麼？當全球先進國家都已努力投入數位轉型，台灣該如何才能迎頭趕上？

　　觀察台灣產業對數位轉型之所以沒那麼熱衷，除了對於數位科技的掌握不熟悉之外，對於「如何轉型」、「轉到何處」其實大多沒有清楚的輪廓，加上各種資訊科技的專業術語排山倒海而來，同時許多資訊科技的投入費用又不低，於是讓企業主們猶豫不決或無所適從。尤其，台灣在產業結構上多為中小企業，這些公司大部分欠缺數位轉型的相關知識與素養，因此難以踏出第一步，也不知道如何善用數位科技等新技術，以改善公司的業務。

　　基本上，從產業實務觀察，企業運用數位科技可分為三階段：第一階段是「數位化」，也即企業的經營沒有採用相關的電腦系統或數位科技，而為了提升效率，正要開始評估採用，這是所謂的數位化。目前有些傳統產業的中小企業還在這個層次，急需輔導升級。

　　第二階段是「數位優化」，即在既有數位化與電腦化的基礎上，提升數位化的水準，以進一步改善組織的營運效能，使供應鏈體系更加緊密，甚至建構相關生態系統；或是透過數位科技強化顧客體驗，掌握顧

客喜好，以提高客戶滿意度和忠誠度，這是所謂的「數位優化」。觀察台灣現在大部分企業都在這個階段，也花了很多資源在這部分，以使組織的營運更卓越、客戶體驗更完善。政府其實可於此協助推一把。

第三階段才是「數位轉型」，亦即利用數位科技創造新的商業模式。當企業所處的市場生命週期已至成熟甚至衰退階段；或組織原有營運模式已無法因應市場的變遷與需要，導致競爭力大幅下滑，成長面臨停滯，這時就急需思考數位轉型，甚至應該在還在成長階段就提前規劃。例如企業可思索從「產品製造」轉為「服務提供」，像是奇異（GE）就從飛機引擎的製造銷售，轉為提供引擎的服務時數；OTIS 也從電梯的製造銷售轉為提供維運服務；又如從「產品賣斷」的商業模式轉為「訂閱服務」的 Netflix、微軟，現在 Apple 也開始提供相關的訂閱服務。

很多企業主對於數位科技的投入之所以躊躇不前，主要在於對數位轉型這名詞感到疑惑：明明現在生意做得好好的，為什麼要轉型？又或者，許多企業目前的發展階段其實需要的是「數位優化」，但被許多數位專有名詞混淆，不知道如何開始。平實而言，數位轉型與數位優化對台灣產業都很重要，但不是每家企業都需要第三階段的數位轉型。根據分析，台灣目前大部分企業現在最需要的是「數位優化」，亦即透過數位科技的運用，來提升「營運卓越」和強化「顧客體驗」，以提升企業的市場競爭力。

日本經濟產業省（相當於台灣的經濟部）曾針對其國內製造業做過一項數位科技運用的調查指出：企業在數位科技的運用上，要獲得成功，首先經營者需有強烈的意願並主導推動，且能夠建立具體的目標、計畫、責任、角色，並在內部達成共識；也需選擇適合自己公司的數位工具，從可行之處切入並逐步導入，同時與公司內、外部的夥伴合作。

因此，如果能深入淺出地讓台灣為數眾多的企業主了解數位科技運

用的本質與內涵，並透過專家組織、顧問輔導團等診斷分析各公司進行數位化的潛在機會和風險，釐清數位化方向，再協助擬定具體的數位優化或轉型的目標與策略，同時提供企業及其員工使用數位工具相關訓練課程，以降低在數位化、數位優化或數位轉型時的風險，整體產業的數位競爭力才有機會進一步提升。

此書的出版，主要是希望能讓國內想要進行數位轉型的廣大企業主，對於數位轉型有正確的認知，並能有方法、有步驟地在組織內推動。本書涵蓋數位轉型的基本觀念、方法論，以及在組織內運行的相關管理議題，並提供大量的個案範例供讀者參考，相信對企業進行數位轉型絕對有很大的啟發與參考。

數位轉型的基本知識

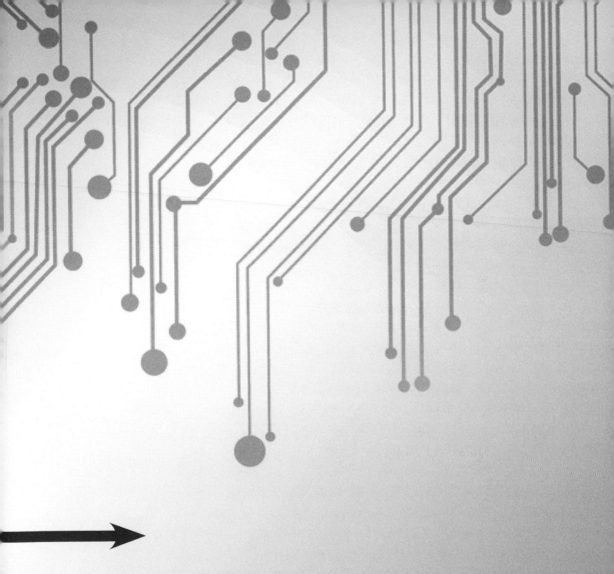

01
什麼是數位轉型？

定義

　　數位轉型（Digital Transformation；Digital Disruption；Digital Evolution）不是一個新名詞，從 2011 年開始，已經有人談論企業數位化（Digitization）的重要性，科技顧問界、商業雜誌也運用不同名詞談論新技術對於商業的破壞性。數位轉型的發展因近年數位型企業打敗實體企業或實體企業紛紛轉型為數位型企業而受到矚目。例如：Walmart 被 Amazon 侵蝕市場而積極擁抱數位轉型；奇異（GE）公司將其工業設備附加軟體與網路，並發展物聯網服務平台，從賺硬體財轉變為賣服務。至 2016 年，世界經濟論壇（WEF）合作，發表《產業的數位轉型》（Digital Transformation of Industries），強調數位轉型對各國競爭力、產業經濟、企業發展的影響，使得數位轉型開始受到全世界各國政府的重視。

　　不同機構組織、學術團體、顧問公司或商業單位對於數位轉型的定義各有不同，例如經濟合作發展組織 OECD（Organization for Economic Co-operation and Development）即認為數位轉型的基礎是數位化，類比的資訊（如聲音、圖像、文字等）經過數位化轉換，便能簡單、快速且

低成本地進行儲存、複製、傳輸和再處理。而透過數位化及各項新興科技（如機器人、雲端運算、人工智慧）的組合使用，將會產生新的應用模式與價值，大幅提高產業與整體社會效率。

世界經濟論壇則認為，由於各種數位科技（如雲端、行動、物聯網、大數據等）在 2010 年以後逐漸發展成熟，產生實際價值，且成本不斷降低，普及的速度和廣度前所未見。企業透過這些新興科技的疊加運用，所產生的價值將會以指數成長，深刻改變當前企業的經營模式，進而產生全新數位化的產品／服務、營運流程、商業模式，帶來新的商業機遇和產業競爭態勢，故將數位轉型的概念鎖定在「運用數位科技改變整個企業，乃至於整個產業的運作」（WEF, "Digital Transformation of Industries", 2016）。

資策會 MIC 認為，要了解什麼是數位轉型，應從拆解「數位」與「轉型」這兩個名詞著手，方可有更清晰的答案。所謂「轉型」指的是「企業長期經營方向、營運模式及其相應的組織架構、資源配置方式的整體性改變。是企業重新塑造競爭優勢，轉變成新的企業型態的過程。」。

以 Ansoff（H. lgor Ansoff）所提出的產品市場矩陣為例（見下頁圖 1）。一般而言，原來主要的產品是筆記型電腦、個人電腦或智慧手機等的台灣資通訊代工與品牌廠，在產品或市場的選擇策略上，由於新興市場與新世代 3C 產品的發展，業者紛紛轉向新興市場（新市場策略），如印度、東南亞市場；或者發展智慧穿戴、智慧音箱、AR、VR 或 MR 等沉浸式科技產品（新產品策略）。不過，不管是新產品策略或新市場策略，基本上都不算是轉型，因為該企業長期經營方向、營運模式及其相應的組織架構、資源配置方式並沒有多大的改變。但是，目前國內有許多廠商更進一步轉向開發跨領域新興應用的產品與服務（多角化策略），例如機器人、智慧製造領域產品服務、智慧汽車領域產品等，發

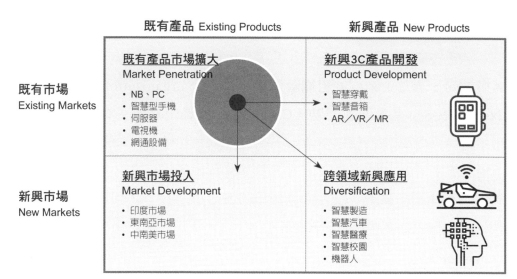

圖 1　台灣資訊業的轉型路徑

	既有產品 Existing Products	新興產品 New Products
既有市場 Existing Markets	既有產品市場擴大 Market Penetration • NB、PC • 智慧型手機 • 伺服器 • 電視機 • 網通設備	新興3C產品開發 Product Development • 智慧穿戴 • 智慧音箱 • AR／VR／MR
新興市場 New Markets	新興市場投入 Market Development • 印度市場 • 東南亞市場 • 中南美市場	跨領域新興應用 Diversification • 智慧製造 • 智慧汽車 • 智慧醫療 • 智慧校園 • 機器人

資料來源：MIC

展出新的商業模式。這是企業重新塑造競爭優勢，轉變成新的企業型態的過程，比較算是所謂的「轉型」。

那麼，「數位」指的又是什麼呢？數位指的是數位科技，例如人工智慧（AI）、擴增實境／虛擬實境（AR／VR）、區塊鏈、大數據、物聯網或邊際運算（Edge Computing）等，是產業或企業用來進行轉型的工具。

以此，資策會 MIC 將「數位轉型」定義為「以數位科技大幅改變企業價值的創造與傳遞方式」，轉型的結果將展現於客戶體驗、營運流程、新產品／服務／市場、新商業模式、數位創新能力、數位資產的累積、數位的組織文化等的改變。

內涵與方向

那麼，如何衡量企業數位轉型呢？資策會 MIC 根據企業轉型的內涵與方向，認為企業可以組織營運卓越（OE，organizational Operation Excellence）、完善顧客體驗（CX，improve Customer eXperience）及商業模式再造（BM，Business Model reengineering）三個構面來衡量（圖2）。

1. 組織營運卓越（簡稱「營運卓越」）：基於數位化能力，達成流程運作、工作支援以及營運決策的提升。

2. 完善顧客體驗（簡稱「顧客體驗」）：基於數位化能力，增進對於顧客的接觸、認識、訊息掌握與拓展的能力與成效。

圖2　MIC 數位轉型指標

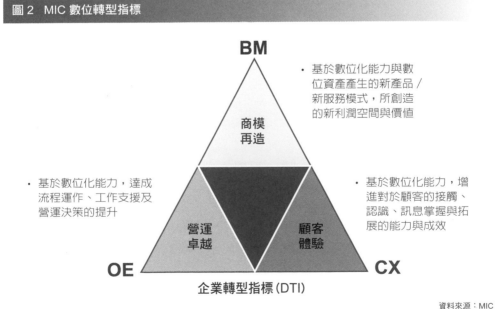

資料來源：MIC

3. 商業模式再造（簡稱「商模再造」）：基於數位化能力與數位資產，產生的新產品／新服務模式，所創造的新利潤空間與價值。

以下，詳細說明各個數位轉型構面的意義與衡量方式。

營運卓越

營運卓越指的是：「基於數位化能力，達成流程運作、工作支援以及營運決策的提升」。可以從價值活動、價值系統、生態系統等三個方向來衡量企業運用數位能力於業務工作的執行與支援、實現營運活動數位化以及績效管理與決策制定之程度（圖3）。

1. 價值活動：價值活動指的是企業運作產生價值所需要的一系列活動，包含：採購、設計、生產、銷售、物流等活動。

2. 價值系統：價值系統主要衡量的是企業運用數位科技協助跨部門、上下游的整體營運效率的程度。

3. 生態系統：商業生態系是由 Moore（Jarnes F. Moore）提出，指出由一群相互連結的個體所組成，透過聯合共生以建立傳統個別企業無

圖3　營運卓越構面

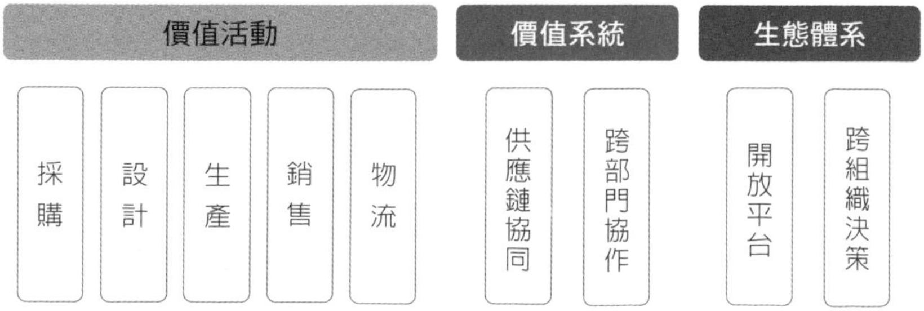

價值活動					價值系統		生態體系	
採購	設計	生產	銷售	物流	供應鏈協同	跨部門協作	開放平台	跨組織決策

資料來源：MIC

法達到的競爭優勢。運用數位科技，企業可以建立平台聯結的生態系統或共同進行跨組織的決策。

顧客體驗

　　顧客體驗指的是：「基於數位化能力，增進對於顧客的接觸、認識、訊息掌握與拓展的能力與成效」。根據 Kalakota 和 Robinson（2001）的理論歸納，顧客關係管理是以顧客生命週期為主體，涵蓋對顧客之獲取、增進與維持等階段的活動。本構面從顧客獲取、業務拓展、關係維繫等三個方向來衡量企業運用數位能力於顧客獲取、業務拓展與關係維繫之程度（圖 4）。

　　1. 顧客獲取：顧客獲取階段是指企業透過手段以贏得顧客，涵蓋對顧客樣貌的理解、顧客需求的擷取以及顧客訊息情報的掌握等三要素。過去，獲取顧客的方式仰賴業務、行銷、客服人員對於顧客互動、顧客意見、銷售成果等主觀的理解與情報掌握。現今，透過大數據、人工智慧，可以輔助企業更深入地理解顧客需求，更即時地分析顧客樣貌與對

圖 4　顧客體驗構面

顧客獲取			業務拓展		關係維繫	
顧客理解	顧客需求	情報掌握	行銷管道	銷售通路	顧客服務	售後支援

資料來源：MIC

產品喜好的變化。

2. 業務拓展：業務拓展階段是指企業傳遞產品／服務資訊、販售、提供服務管道，包括銷售通路、行銷管道等。過去，企業仰賴實體店面和業務員進行銷售與拓展。現今，企業可以運用數位科技輔助業務員或善用新的數位銷售通路，如：電子商務、智慧手機 APP 等，即所謂多通路、全通路（omni-channel）或 O2O（online to offline）的銷售通路策略。

3. 關係維繫：關係維繫指的是企業對於後續服務支援的努力，用以維繫顧客忠誠，涵蓋顧客服務與售後支援。企業運用數位科技可以協助客服人員、產品開發人員更了解顧客使用的滿意度，以維持顧客忠誠。

商模再造

商模再造指的是：「基於數位化能力與數位資產，產生的新產品／新服務模式，所創造的新利潤空間與價值」。可從企業採用數位工具或數位資產完成產品或服務的開發、銷售，及發展新商業模式所創造的新商業利潤之程度來衡量。依據熊彼得（Joseph A. Schumpeter）的創新理論，企業商業模式創新再造可以從新產品／服務、新通路、新市場、新商業模式四個方向來分析（圖 5）。

1. 新產品／服務：企業採用資通訊技術或基於數位資產所發展出的創新產品或創新服務，為企業帶來商業利潤的程度。

2. 新通路：生產者將商品或服務移轉至消費者的過程中，所有關於取得商品、服務或促進商品服務移轉的個人與機構所形成的集合；其目的在於以適當的價格、數量、品質的商品與服務，並於滿足生產者與消費者雙方的條件下，將產品提供給顧客，以滿足其需求並達到所有權之

图 5　商模再造構面

新產品 / 服務
- 企業採用數位技術或基於數位資產，所發展出的創新產品或創新服務

新通路
- 企業利用其數位能力，創造出嶄新的產品或服務傳遞管道

新市場
- 企業利用其數位能力，創造新客群，開拓出全新的市場

新商業模式
- 企業採用數位技術或基於數位資產，所發展出創新的營收模型

資料來源：MIC

移轉。新通路主要目的在衡量企業採用資通訊技術所創造出嶄新的產品或服務傳遞管道，為企業帶來商業利潤的程度。

3. 新市場：新市場、新客戶的開發，是所有企業都必須面臨和解決的現實問題，在此我們衡量的新市場，並非地理區域上的新市場，而是指對於企業而言嶄新的藍海市場。新市場的主要目的在衡量企業利用其數位能力，創造新客群，開拓出全新的市場，而為企業帶來商業利潤的程度。

4. 新商業模式：商業模式可指相關利益者的交易結構、交易主體、交易規則、交易方式等，或可解釋為企業創造價值的營運過程。簡言之，企業一方面創造顧客價值，另一方面則獲取收入，而商業模式就是價值和營收的組合。故新商業模式主要目的在衡量企業採用資通訊技術或基於數位資產所發展出創新的營收模型，為企業帶來商業利潤的程度。

運用數位科技進行商模再造的個案例如：

1. 從賣機器轉而賣農耕服務的迪爾公司：美國迪爾公司（John Deere）為擁有百年歷史的農業機械和柴油引擎公司，迪爾公司很早就意識到僅靠硬體銷售的傳統商業模式無法使企業長久存續，因此決定由原本販賣機器與機具維護的商業模式，轉型為提供「幫助農夫提高收益」的加值服務模式。迪爾公司在自動駕駛拖機上裝設感測器，藉以協助農場監測土壤質量與農作物產量的管理效能。此外，也自行開發「APEX Farm Management」雲端平台，集中蒐集大量感測數據，再利用 IMS 土壤分析系統執行所謂的大數據分析，從而綜觀土壤狀況、環境狀態、水與肥料等不同變數，產出最有利於農民增進收成的最佳配方。如今，迪爾公司不僅僅販售農業機械設備亦販賣維護產品服務，更販售農耕服務。迪爾公司從產品導向轉變為以用戶中心，還利用幫助農夫提高收益的加值服務，創造農業服務的新生態。

2. 從賣引擎改賣飛行時數的勞斯萊斯：全球前三大商用噴射引擎公司——英國勞斯萊斯（Rolls-Royce）其在全世界生產了超過 13,000 台飛機引擎，並廣泛用於商用飛機。早在 1962 年率先在業界提出一個構想：以飛行時數收費（Power by the hour）的方式，由原先的「販賣引擎」轉換為「販賣飛行時數」的商業模式，包含租賃費用與維修管理服務都以飛行時數計算。透過與微軟的 Azure 合作建構分析平台，提供數據分析服務、物聯網管理平台、及時操作建議，以節約燃料、預測維修需求、減少高成本的停機檢測和延誤時間，實現效能最大化，並提供更好的服務。勞斯萊斯並進一步啟動智慧引擎服務，讓引擎能學習「彼此」的經驗，使駕駛能根據各種狀況做出更好飛行的決定。

電/子/書
免/費/下/載

數位轉型推動的策略思維

02
為什麼需要數位轉型？

　　數位轉型是以數位科技大幅改變企業價值的創造與傳遞方式。那麼，為何企業要進行數位轉型？數位科技又如何能改變企業價值呢？以下從數位科技發展及產業典範轉移的角度進行說明。

數位科技的迅速發展

　　數位科技發展是隨時代發展而演進與突破，自 2010 年以來，雲端運算、行動科技、Web 2.0 社群網路更是重要的突破，使得大數據、物聯網、視覺化技術、人工智慧等科技紛紛發展，影響產業與人們（圖 6）。

　　更重要的是，這些數位科技彼此疊加交會，產生數位創新與轉型的契機。企業成功運用這些數位科技的關鍵，在於如何導入並有效地組合與運用。以下舉例科技如何疊加交會而影響產業應用（圖 7）。

　　1. 智慧農業：精緻農業需要高清影像（如判別農損狀態）與可覆蓋大面積的偵測方案，來進行農作物與牲畜的成長監控及肥料的噴灑操作。例如種子農藥商「孟山都」在美國加州打造「Climate FieldView」決策分析平台，此平台可匯整龐大的農業資料（如 5G 無人機傳輸高解析度多光譜影像），並導入大數據、人工智慧等數位工具，提供農民耕種施肥時做決策的輔助支援，包含：栽種管理、預測產量、病蟲害診斷

圖 6　數位科技的疊代發展

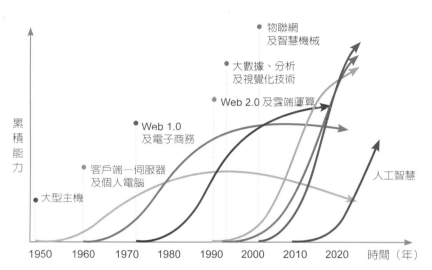

資料來源：MIC

圖 7　科技疊加共融的契機

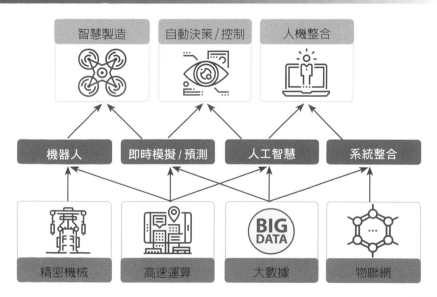

資料來源：MIC

等，從而有效提高作物生產量。該平台運用雲端運算技術、5G 技術、電腦視覺、大數據、人工智慧、無人機機器人等，共同打造智慧農業。

2. 智慧製造：在製造業中，透過機器人、即時模擬與預測，可以實現企業智慧製造的運營。例如：Amazon 透過 Kiva 物料搬運機器人節省了倉儲物料搬運成本達 48%，也即每年 9.16 億美元的費用。Kiva 機器人具備視覺系統，可分辨地上的路徑，並具有模擬與預測的演算分析法，可計算出貨與收貨中心之間的最佳路徑，自行移動運貨架至揀貨與出貨中心。Kiva 是電腦視覺、即時模擬與預測、人工智慧等技術的疊加，如精密機械的協助行走與搬貨、物聯網的視覺偵測／雷達感測／碰撞偵測，以及足以運算複雜演算法的高速運算晶片，還有即時的網路數據傳輸。

3. 智慧零售：零售業是由人、場、貨三個核心構面所組成，「人」包含員工與顧客，「場」是指賣場，「貨」則指商品。實體零售業過去所注重和收集的數據以貨為主，如品類數、庫存周轉率、物流成本占比、庫存天數、成交率等。然而，對於場（實體賣場）與人（消費者）的數據，尤其是有關消費者屬性輪廓、行為偏好、消費路徑等數據並沒有進一步蒐集或追蹤。而新興的智慧零售業者，除了貨的數據外，透過網頁技術可以全面掌握場（購物網站）與人（消費者）的數據，如造訪流量、流量來源、造訪頻次、停留時間、轉換率、跳出率、產品喜好等，不僅有利於數據的累積，也可作為長期預測的參考。以電商大廠為例，其不僅在網購本業上充分累積與運用數據，如顧客消費行為的掌握及相關產品的推薦等，同時更進一步發揮數據價值，發展獨立的數據事業或建立其電商生態系統。例如阿里巴巴在淘寶平台上記錄了大量的買賣雙方交易數據，進一步將這些數據商品化，成立「淘數據」公司，提供給有需要的零售賣家，並視數據方案內容收取費用；Amazon 近年則開始跨足

智慧家電，不僅推出一系列連網裝置如 Echo，並透過 API 的開放，打造智慧應用生態系統，相關成員包含供貨商、第三方賣家、物流夥伴、獨立開發者及家電製造商等。

　　因此，企業確實可好好運用各種技術的互相疊加，打造智慧企業，進而進行企業轉型。我們認為未來五年最重要的數位技術包含 iABCDEF 等科技（圖8），簡述如下：

i ▶ 物聯網（ioT）

　　物聯網（Internet of Things）讓實體資產、機器、設備與各種物件可以與虛擬軟體、網路進行連結，讓企業得以控制實體物件並進一步結合網路、軟體進行自動化。

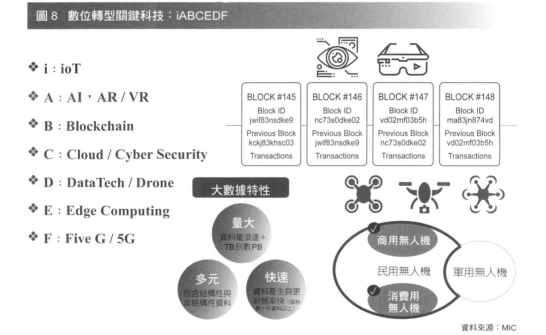

圖8　數位轉型關鍵科技：iABCEDF

❖ **i：ioT**

❖ **A：AI，AR / VR**

❖ **B：Blockchain**

❖ **C：Cloud / Cyber Security**

❖ **D：DataTech / Drone**

❖ **E：Edge Computing**

❖ **F：Five G / 5G**

BLOCK #145	BLOCK #146	BLOCK #147	BLOCK #148
Block ID jwif83nsdke9	Block ID nc73s0dke02	Block ID vd02mf03b5h	Block ID ma83jn874vd
Previous Block kckj83khsc03	Previous Block jwif83nsdke9	Previous Block nc73s0dke02	Previous Block vd02mf03b5h
Transactions	Transactions	Transactions	Transactions

大數據特性

量大
資料量須達 +
TB 到數 PB

多元
包含結構性與
非結構性資料

快速
資料產生與更
新頻率快（每秒
數十件資料以上）

商用無人機

民用無人機　　軍用無人機

消費用
無人機

資料來源：MIC

A ▶ 人工智慧（AI）、擴增實境（AR）／虛擬實境（VR）

人工智慧（Artificial Intelligence）模擬人的智慧，可以協助企業人員決策並能讓機器智慧化、自動化，有效率協助人們完成相關作業。而擴增實境（Augmented Reality）與虛擬實境（Virtual Reality）則運用電腦視覺技術以及其他感測技術（震動、聽覺等），讓企業可結合實體與虛擬，協助人員提升工作效率、進行教育訓練、遠端安全操作機器等。

B ▶ 區塊鏈（Blockchain）

區塊鏈運用加密技術與智能合約，可以讓企業間、企業與顧客間進行自動契約簽訂、自動化交易等，加速企業交易及發展出新的生態系交易。

C ▶ 雲端運算（Cloud）、網路安全（Cyber Security）

雲端運算運用雲端運算技術，可分享大量運算資源，並容易連結創造生態系以共享資源。企業除了可善用雲端運算資源減低 IT 軟硬體成本，也可連結顧客、供應商與創造生態系。網路安全技術則協助企業保護資訊安全，避免數據外洩或病毒攻擊。

D ▶ 大數據（DataTech）、無人機（Drone）

大數據處理的技術，可以協助企業蒐集、儲存、運算各種數據以協助數據透明化、進行數據分析及發展人工智慧等。無人機可讓企業進行遠距離操控，提升效率、減少操作危險。

E ▶ 邊緣計算（Edge Computing）

　　邊緣計算可讓企業將人工智慧、大數據分析等技術在工廠端、零售店面端進行運算，加快其回應速度和運算效率。

F ▶ 第五代移動通信技術（5G）

　　5G、IoT 通訊技術將使聯網裝置及資料量大幅增加，使 AI 及雲端等科技的價值倍增。

國際產業的劇烈競爭

　　由於新興技術的持續發展，包括雲端、人工智慧和物聯網等新技術正在幫助企業提升所有方面的業務效率，如數位營運、研發製造和供應鏈等，造成企業的生產成本下降、能源與資源效能提升、改變製造價值鏈與流程及產品上市時間縮短等現象。而在訊息傳遞更為快速的情況下，企業面對創新壓力也使產品或服務的創新週期縮短；為滿足顧客需求，從大規模生產朝向小量、彈性客製化發展等，都加劇了產業間的競爭壓力。

　　其次，國際調查顯示，全球有 75% 的領導企業預計在 2020 年轉型為數位企業，而根據 Deloitte 針對 1,200 家美國中大型企業的調查顯示，2019 年企業投資數位轉型的金額較 2018 年成長 25%；即便聚焦亞太地區，也有 55% 的亞太企業計畫在兩年內大規模進行數位轉型，故而與國際級企業密切相關的台灣產業，必須緊跟客戶腳步，同時進步。

　　另因為技術發展造成的進入門檻降低，使得企業競爭對手已經不僅

僅是行業內，很有可能是其他的產業，而且這些對手往往是巨頭公司，跨域與跨界成為顯學，突如其來的他領域競爭對手已採用非傳統的手段顛覆了產業原本的運作方式，凡此種種因素都加深了企業必須進行數位轉型的驅動力。

產業結構的典範轉移

除了數位科技的交互疊加外，產業典範的轉移更是大幅度改變了市場遊戲規則、創造新商業模式，而提供了企業進行數位轉型的機會。典範的轉移（Paradigm shift）一詞最早於美國科學哲學家孔恩（Thomas S. Kuhn）於 1962 年出版的《科學革命的結構》一書中提出。孔恩認為在科學發展中，會有階段性的突破，改變主流的思維與慣例，而創造出一種新的科學典範，諸如：哥白尼革命打破以地球為中心的思維，而產生新的科學典範。

同樣地，數位科技也有典範的移轉，產生新的市場的規則，造成產業的利益轉變。我們長期觀察數位科技及產業的發展，認為過去到現在有五大產業典範的轉變（圖 9）：

1. 個人電腦（PC）

個人電腦 PC 時代在 1990 ～ 2000 年間成為市場主流典範。利用個人電腦改變了原本利用大型主機集中運算的遊戲規則，而發展出分散式運算。當時，受惠的廠商包含：Intel、Microsoft、Dell、HP 等個人電腦廠商，我國代工業者也受利。

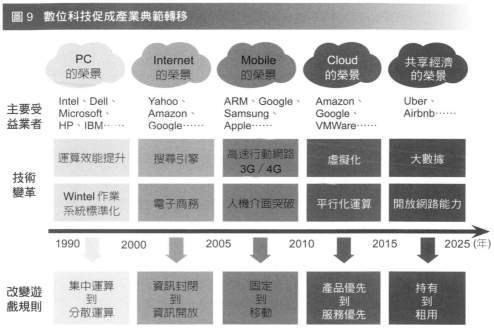

圖 9　數位科技促成產業典範轉移

	PC 的榮景	Internet 的榮景	Mobile 的榮景	Cloud 的榮景	共享經濟 的榮景
主要受益業者	Intel、Dell、Microsoft、HP、IBM……	Yahoo、Amazon、Google……	ARM、Google、Samsung、Apple……	Amazon、Google、VMWare……	Uber、Airbnb……
技術變革	運算效能提升	搜尋引擎	高速行動網路 3G / 4G	虛擬化	大數據
	Wintel 作業系統標準化	電子商務	人機介面突破	平行化運算	開放網路能力

1990　　　2000　　　　2005　　　　　2010　　　　　2015　　　2025 (年)

改變遊戲規則	集中運算 到 分散運算	資訊封閉 到 資訊開放	固定 到 移動	產品優先 到 服務優先	持有 到 租用

資料來源：MIC

2. 網際網路（Internet）

後來網際網路發展又帶來新的典範，使得 Yahoo、Amazon、Google 等發展電子商務、搜尋引擎的廠商得利。此時，市場遊戲規則從資訊封閉轉變為資訊開放的典範。能夠善用網際網路的廠商因而從中獲得轉型的機會。

3. 行動網路（Mobile）

智慧手機發展來自於高速行動網路、人機介面突破、晶片運算能力提升等影響，讓典範從「固定」轉變為「移動」的遊戲規則。此時，

Apple、Samsung 等智慧手機商及 ARM 晶片商、Google 智慧手機作業系統商因而得利,創造智慧手機的榮景。

4. 雲端運算（Cloud）

雲端運算典範來自於虛擬化技術、平行化運算技術的技術變革,而使得市場遊戲規則改變,從產品優先到服務優先。企業思考的是如何將產品結合服務,以服務化的思維進行發展。此時,主要受益的廠商包含 Amazon、Google、VMWare 等雲端服務廠商。

5. 共享經濟

共享經濟的典範來自於大數據、開放網路等發展,使得典範從持有商品／資產轉為租用的概念。Uber、Airbnb 等廠商成功挑戰人們對於持有的看法,改變了市場遊戲規則。

不同的典範也造就新的機會,包括:裝置、通訊、零組件以及軟體服務等。以下歸納幾個新的商業機會與商業模式發展（圖 10）:

1. 裝置:由於大數據、雲端運算、物聯網、人工智慧等技術,發展出可定位行動的裝置、自駕車、服務型機器人等。

2. 通訊:由於通訊技術,得以發展 4G、5G 等網路與相關硬體設備。

3. 零組件:感測器、物聯網等零組件的發展。

4. 軟體:垂直領域 AI、大數據分析應用、資訊安全軟體等的發展。

5. 新商業模式:包括租賃、訂閱、第三方付費、數據即服務、P2P 服務等新商業服務與模式發展。

　　典範帶來新的商業機會與商業模式，企業或產業可以善用並進行數位轉型取得新的競爭優勢。如果企業或產業不善加利用，則可能因典範轉移造成整個產業遊戲規則改變，而喪失市場、顧客等。

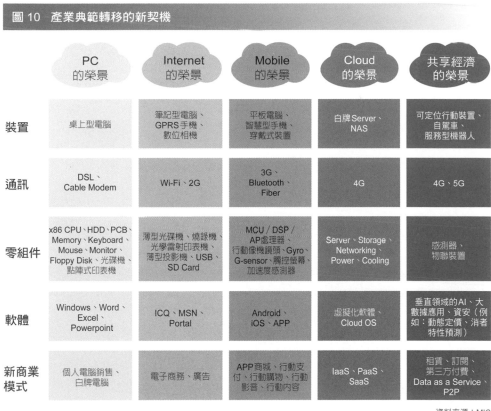

圖 10　產業典範轉移的新契機

	PC 的榮景	Internet 的榮景	Mobile 的榮景	Cloud 的榮景	共享經濟 的榮景
裝置	桌上型電腦	筆記型電腦、GPRS手機、數位相機	平板電腦、智慧型手機、穿戴式裝置	白牌Server、NAS	可定位行動裝置、自駕車、服務型機器人
通訊	DSL、Cable Modem	Wi-Fi、2G	3G、Bluetooth、Fiber	4G	4G、5G
零組件	x86 CPU、HDD、PCB、Memory、Keyboard、Mouse、Monitor、Floppy Disk、光碟機、點陣式印表機	薄型光碟機、燒錄機、光學雷射印表機、薄型投影機、USB、SD Card	MCU／DSP／AP處理器、行動像機鏡頭、Gyro、G-sensor、觸控螢幕、加速度感測器	Server、Storage、Networking、Power、Cooling	感測器、物聯裝置
軟體	Windows、Word、Excel、Powerpoint	ICQ、MSN、Portal	Android、iOS、APP	虛擬化軟體、Cloud OS	垂直領域的AI、大數據應用、資安（例如：動態定價、消者特性預測）
新商業模式	個人電腦銷售、白牌電腦	電子商務、廣告	APP商城、行動支付、行動購物、行動影音、行動內容	IaaS、PaaS、SaaS	租賃、訂閱、第三方付費、Data as a Service、P2P

資料來源：MIC

03
數位轉型的價值為何？

　　那麼，數位轉型的價值為何？據世界經濟論壇 WEF 預估，數位轉型在未來十年內，對產業與社會將帶來極大利益，預估全球將達 100 兆美元的價值（圖 11）：

　　1. 對企業、產業：企業運用數位科技可提高利潤、降低成本、使資產重新分配等。進一步對於整體產業產生變革，而影響產業價值的增加或移轉。

圖 11　數位轉型對產業與社會的影響

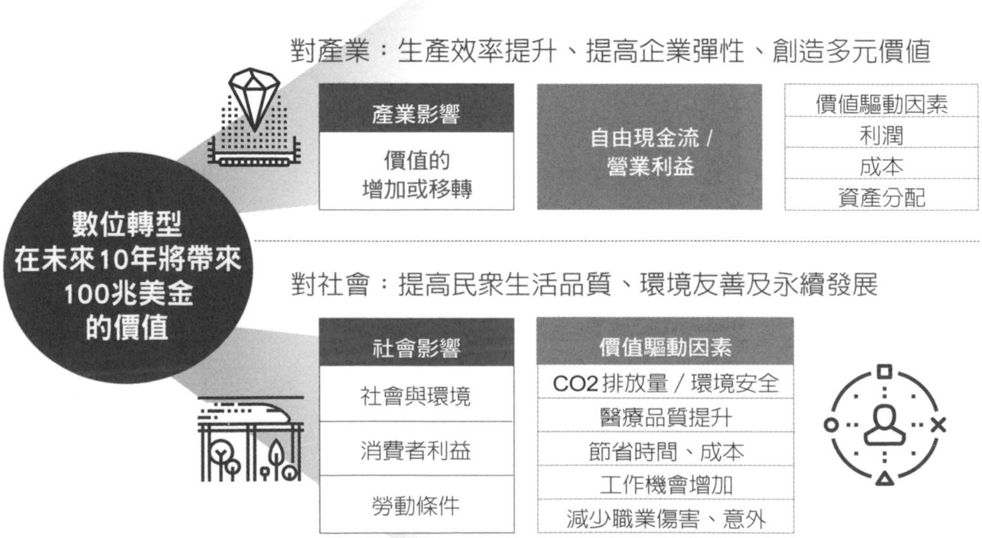

對產業：生產效率提升、提高企業彈性、創造多元價值

數位轉型
在未來10年將帶來
100兆美金
的價值

產業影響	自由現金流 / 營業利益	價值驅動因素
價值的 增加或移轉		利潤
		成本
		資產分配

對社會：提高民眾生活品質、環境友善及永續發展

社會影響	價值驅動因素
社會與環境	CO2 排放量 / 環境安全
	醫療品質提升
消費者利益	節省時間、成本
	工作機會增加
勞動條件	減少職業傷害、意外

資料來源：WEF（2017），MIC 整理，2020 年

2. 對社會：消費者或企業運用數位科技也會為社會帶來社會價值，包括：用偵測技術以控制 CO_2 排放量、控制環境安全；提升醫療品質；節省民眾時間與成本；增加工作機會、工安意外等。整體來說會提高社會環境的品質、消費者利益與勞動條件等。

以下根據企業價值、產業價值、社會價值等部分來說明。

對企業：從「現有核心強化」到「新事業發展」

數位轉型對於企業價值會帶來什麼樣影響呢？資策會 MIC 從衝擊程度高低及企業的策略制定、內部管理、生產製造、銷售流通等領域進行數位轉型價值影響分析。如下頁圖 12 所示，可以分為 4 種影響程度來說明。

1. 現有核心強化：資訊通透

透過大數據、雲端運算、物聯網、人工智慧等技術，可以使得數據更為通透、企業運作流程更加透明。

策略制定

蒐集競爭者動態、外部環境數據進行分析，可讓策略制定更有效率。如：透過大數據蒐集外部新聞、天氣狀況、經濟指標、競爭者動態等，可即時、客觀地分析，以協助主管進行決策。

內部管理

蒐集與分析內部財務、人力、資產等數據，可以強化內部資訊通透性以增加管理效率或強化工安。如：透過物聯網與大數據分析可以了解

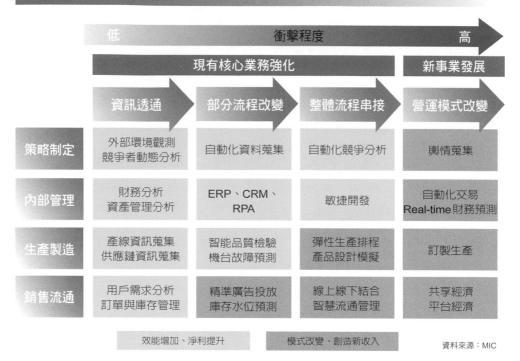

圖 12　數位轉型對企業價值的影響

	資訊透通	部分流程改變	整體流程串接	營運模式改變
	__現有核心業務強化__			_新事業發展_
策略制定	外部環境觀測 競爭者動態分析	自動化資料蒐集	自動化競爭分析	輿情蒐集
內部管理	財務分析 資產管理分析	ERP、CRM、 RPA	敏捷開發	自動化交易 Real-time 財務預測
生產製造	產線資訊蒐集 供應鏈資訊蒐集	智能品質檢驗 機台故障預測	彈性生產排程 產品設計模擬	訂製生產
銷售流通	用戶需求分析 訂單與庫存管理	精準廣告投放 庫存水位預測	線上線下結合 智慧流通管理	共享經濟 平台經濟

衝擊程度　低 → 高

效能增加、淨利提升　　　模式改變、創造新收入

資料來源：MIC

公司或工廠電力、水力的使用狀況，以調節運用。例如 Goldcorp 公司開發礦區智慧通風系統，追蹤員工和設備即時位置與監測空氣品質，再利用人工智慧系統對通風進行最佳化運算，自動調節通風系統。

生產製造

蒐集與分析產線、供應鏈數據，可以強化內外部資訊通透性以增加生產製造效率。如：透過物聯網即時蒐集工廠內部狀況，可以分析設備嫁動率、訂單完成度等。也可以將工單完成進度分享給客戶，讓客戶隨時掌握進度。

銷售流通

　　蒐集與分析顧客、通路數據，可分析用戶需求也可進行更好的庫存管理、訂單管理。如：零售業透過智慧販賣機可掌握顧客的需求，也可隨時回饋庫存狀況。可口可樂公司即設置智慧販賣機，具備物聯網感測、藍芽 beacons、RFID 以及雲端服務分析、人工智慧系統，以理解顧客狀況、庫存狀況，並能即時發送以通知附近顧客購買的促銷訊息。

2. 現有核心強化：部分流程改變

　　透過大數據、雲端運算、物聯網、人工智慧等技術，可以改變部分企業流程的運作方式。

策略制定

　　過去策略制定需要大量策略分析人員定期協助蒐集競爭公司、經濟指標等報告並解析，透過數位科技如運用影像辨識、自然語言處理，每日將能快速解析各種文件並製成重點摘要報告、數位儀錶板等。

內部管理

　　內部管理同樣可以運用 RPA（Robotic Process Automation）機器人流程自動化，結合自然語言、影像辨識等技術，自動化蒐集與分析數據，並產生財務報告。或者透過人工智慧協助用人主管產生人才招募建議，如：聯合利華公司利用認知遊戲及人工智慧分析，用以招募員工來提升招募效率，也提升了人才多樣性。

生產製造

　　生產製造不僅可以運用物聯網、人工智慧協助品質檢驗來取代人

力，進一步還可以即時預測改變現有檢測的流程。例如：Intel 運用影像分析判別品質不良的產品，減少人工檢測時間並即時反應品質狀況。

銷售流通

　　銷售流通中，可以透過大數據進行精準廣告投放或預測庫存，改變過去的廣告投放、補貨作業。例如：Dow 化學公司運用大數據進行銷售預測、物料採買時間規劃、庫存地點最佳化等。

3. 現有核心強化：整體流程串接

　　透過大數據、雲端運算、物聯網、人工智慧等技術，可以串起企業整體流程。

策略制定

　　策略制定可以用自動化數據蒐集、分析乃至於策略建議，即整體流程的串接。

內部管理

　　透過數位科技串起內部管理流程，將可提升企業整體流程效率。例如：運用 RPA 機器人進行流程自動化，不僅針對公司部分流程自動化，更可串起財物、人資、客服等，節省人工作業以提高效率。一家能源公司即運用 RPA 逐步地串起跨部門 35 個流程，每年可節省 22 萬小時的人工作業時間。

生產製造

　　透過大數據、物聯網、人工智慧等數位科技，串起完整生產製造流

程，例如：西門子德國安倍格工廠利用自動化生產設備、RFID、機器手臂溝通等，使得其不良率低於0.0011%，成為世界最智慧的工廠之一。

銷售流通

透過大數據、物聯網、人工智慧等數位科技，串起完整銷售流通作業，例如：Amazon 運用電腦視覺、物聯網、大數據分析等打造無人實體商店。

4. 新事業發展：營運模式改變

透過大數據、雲端運算、物聯網、人工智慧等技術，可以發展新事業、創造新收入。

策略制定

策略制定可以轉變為輿情分析、競爭分析平台，協助其他公司進行策略分析與制定。

內部管理

內部管理可以轉變為財務分析、人才招募預測平台，協助其他公司進行相關分析與制定。

生產製造

生產製造可以轉變為訂製生產、預測維修服務等，發展新的收入來源。例如：勞斯萊斯引擎運用引擎預測維修服務賺取數據財、海爾訂製生產生態系服務平台以接新的客製化產品訂單等。

銷售流通

　　銷售流通可以轉變為銷售共享經濟平台，提供其他夥伴訂購、銷售、流通。例如：Walmart 與 IBM 合作運用區塊鏈，形成生產履歷追溯平台，是集合農場、物流、配送中心、零售店與消費者的平台。

對產業：從「數位化」到「服務化」

　　數位科技不僅僅帶來企業轉型，亦讓整個產業轉型。就製造業來看，如下圖 13 為宏碁集團創辦人施振榮先生的微笑曲線圖，如運用數位科技，將會增強微笑曲線前後端的附加價值、降低生產階段的附加價值，使得微笑曲線更為陡峭。這意味數位科技帶來的是產業典範的轉移，使得產業鏈中的價值大幅改變、轉移。企業必須積極地掌握，並獲取改變中的新價值。

　　簡單來說，數位科技改變產業的三大典範轉移為：

図 13　數位科技深化微笑曲線

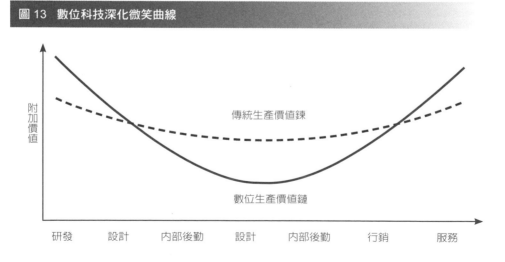

資料來源：EuoFound，2018 年

1. 流程數位化

　　數位科技最容易影響的是流程數位化，即利用感測器、人工智慧演算法、雲端運算等，提高自動化效率、降低投資自動化成本。這意味採用數位科技進行數位轉型的企業會擁有較高的效率競爭力，並可能減少較低技術人員的雇用，而轉由自動化機器人、IT軟體或委外雲端服務替代。

2. 大量客製生產

　　透過數位科技提供了大量客製生產的機會。這主要來自於人工智慧機器人、人工智慧演算法可更容易適應變化的環境，並能彈性地生產客戶所需的不同商品。物聯網、人工智慧演算法的實施，則可以彈性地改變生產流程，以因應不同商品規格、製程、原料等。不過，運用數位科技發展的彈性製造能力，亦會減少非技能的勞工雇用，改而雇用具備專業知識、多種技能的勞工。

3. 服務化

　　數位科技將提供製造業更加服務化。數位科技可以讓製造業將產品延伸到售後、使用階段，提供更好的服務。數位科技亦可能改變原本的商業模式，使得產品的價值改變，例如：勞斯萊斯從賣引擎轉變為賣引擎預測服務、汽車販售汽車租賃服務而不是販售汽車。這可能會造成製造商直接服務客戶，而跳過中間的維修商、服務商，引起產業鏈的改變。此外，運用大數據、人工智慧工具等強化市場行銷、顧客服務、產品設計協同等，也可能強化既有品牌製造商、大型製造商的研發能力、市場能力，提升附加價值，而對於原本弱勢的中小型製造業不利。

　　總體來說，數位科技將是雙面刃，一方面能強化產業營運、創造新

利潤與商業模式;一方面則會引起產業典範轉移,改變供應體系,汰弱存強。如果不積極掌握數位科技進行數位轉型,可能會被新產業典範淘汰。

對社會:從「消費福利提高」到「社會環境改善」

企業數位轉型不僅影響企業價值、產業價值,也會提升社會價值。可以從三方向說明:

1. 消費者利益

企業、產業數位轉型會影響消費者福利,例如:個人化產品、減少購物時間、快速貨物運送(如:無人機)、品質更好的產品等。此外,由於產品更能精準提供、小量客製化,也可減少大量不必要產品所造成的汙染、材料浪費、能源浪費等。

2. 勞動條件

透過數位科技,企業可以改善勞工的工作環境,如:環境狀況監控、工安危險偵測等,提高勞工工作的品質。透過數位科技,企業也可以協助勞工提高生產力,減少負擔或讓勞工遠端工作、在家工作以及彈性工時安排等,提供更有效率的工作方式。然而,透過數位科技,企業也可能減少雇用技能較少的勞工,並由智慧機器人、智慧軟體所取代,而影響這一部分的勞工。但企業或產業透過數位科技發展智慧企業、新產品與新服務,會帶來新的工作機會,讓具有專業的勞工被雇用,提升勞工技能。

3. 社會環境

　　企業、產業數位轉型會影響社會環境，如：減少碳排放、減少道路壅塞、提高醫療水準等。例如：將汽車實施人工智慧自動／半自動駕駛、汽車租賃服務、虛擬購買等，可以減少車子碰撞意外、保險成本、道路壅塞、碳排放量等。電子產業運用人工智慧、物聯網進行能源監控，使生產效率提升，亦可減少能源浪費、碳排放等。醫療產業運用人工智慧、大數據等技術，可提高偏鄉醫療照護水準、藥品研發、醫療技術等改善，提高社會福祉。

　　綜合來說，企業數位轉型會影響社會福利，減少環境汙染、提高消費福利、提升醫療品質、提供新勞工機會，但有可能減少低技術勞力的雇用。

電子書
免費下載

從CES 2020看數位轉型
實戰：從達美航空談起

數位轉型的理論和工具

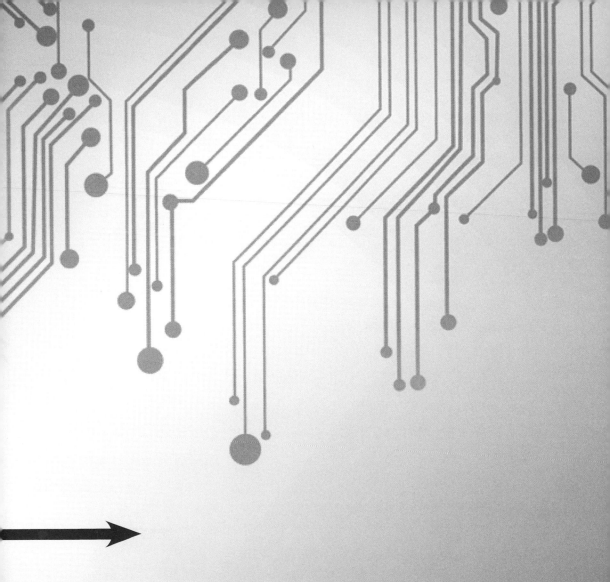

04
數位轉型的理論架構

兩大層次與三大面向

　　企業的數位轉型架構，可透過兩個層次與三大表現構面，來衡量企業數位轉型的發展進度（圖 14）。

　　兩個層次是指數位轉型的基礎能力，以及數位轉型的實現範疇。數位轉型的基礎能力，即數位能力，是企業在進行數位轉型時所具備的數

圖 14　企業數位轉型架構

構面	營運卓越（OE）	顧客體驗（CX）	商模再造（BM）
	價值活動	顧客獲取	新產品／服務
	價值系統	業務拓展	新通路
			新市場
	生態系統	關係維繫	新營收模式
能力	數位技能（DS）		

資料來源：MIC

位化能力，也是衡量企業數位轉型的根本；數位轉型的實現範疇，則是指企業數位能力的表現場景，即因具備數位化能力而促進企業在三大構面的轉變，如內部營運績效提升、強化顧客互動與體驗，或是催生嶄新的商業模式。

三大表現構面即企業數位轉型的表現場景，分別是營運卓越、顧客體驗及商模再造。其中營運卓越是企業當前運用數位能力於業務工作執行與支援、實現營運活動數位化以及績效管理與決策制定之程度；顧客體驗為企業當前運用數位能力於顧客獲取、業務拓展與關係維繫之程度；而商模再造則是企業採用數位工具或數位資產完成產品或服務開發、銷售並發展新商業模式，進而創造新的商業利潤之程度。

數位能力

數位能力（Digital Skill），為企業在進行數位轉型時所具備的數位化能力，是企業數位轉型的基礎，是促進與驅動企業提升營運績效、增進顧客體驗或創造嶄新商業模式的根本能力。

數位能力隱含數位工具的運用及數位資產的累積兩部分，數位工具強調透過適當的資訊工具，促進企業各項經營活動的順利發生；數位資產累積則重在企業營運過程中的數據蒐集、分享與應用的能力，也是企業能否從數位化走向智慧化的關鍵能力。

簡而言之，數位能力是指各類數位工具鑲嵌在企業營運活動與流程中的程度，以及企業在數位資產的掌握、處理與運用的能力，其成熟度階段從 Level 0 至 Level 4，分別為初始化、數位化、整合化、自動化與智慧化（見下頁圖 15）。

圖 15　數位能力程度

- 企業整合不同企業流程並達到資料融合，根據不同情境進行最佳化分析及模型建立，進而形塑自適應以創造企業智慧化之能力　　Level 4　智慧化
- 企業可基於企業所蒐集整理之數據，發展與設定規則，達到自動化反應與調整，減少人為介入的程度　　Level 3　自動化
- 企業運用數位工具整合工作流程，並透過有效介面或管道擴散與分享數據　　Level 2　整合化
- 企業具備個別功能別資訊系統以協助營運活動，並蒐集各類營運數據　　Level 1　數位化
- 企業仍正在進行數位化的基本階段　　Level 0　初始化

資料來源：MIC

Level 0 初始化

　　企業仍正在進行數位化的基本階段。此階段顯示企業在營運管理或顧客互動方面仍有部分工作仰賴人工或紙本作業方式，尚未全面導入資訊系統或工具協助作業活動的進行。

Level 1 數位化

　　企業具備個別功能別的資訊系統以協助營運活動，並蒐集各類營運數據。數位化階段顯示企業在營運管理或顧客互動方面已全面導入資訊系統或工具協助作業執行，並且在企業數位資產方面，已經陸續透過各資訊工具或系統累積企業數據。例如在採購管理方面，具備進銷存或是

ERP 等具備採購管理功能的系統或工具，協助員工進行採購業務；在研發設計方面，則具備數位化的產品設計資料。

Level 2 整合化

企業運用數位工具整合工作流程，並透過有效介面或管道擴散與分享數據。整合化階段顯示企業在營運管理或顧客互動方面除已基於資訊系統或工具協助作業執行與數據蒐集之外，並且透過結構化、系統化或特定介面的方式，在企業內部或企業間進行數據的分享。例如在生產製造活動方面，透過網路蒐集各站點、機台數位化的設備狀態資料進行彙整分析，或是將品質檢測資料回饋給製造、設計端進行彙整分析等。

Level 3 自動化

企業可基於企業所蒐集整理的數據，發展與設定規則，達到自動化反應與調整，減少人為介入的程度。自動化階段顯示企業在營運管理或顧客互動方面除已基於資訊系統或工具協助作業執行與數據蒐集，並在企業內部或企業間進行數據的分享之外，更進一步作為驅動相關業務活動的觸發因子。例如在訂單處理方面，訂單資訊透過分享可自動化串接至企業內部管理系統，驅動後續生產製造或採購活動的進行。

Level 4 智慧化

企業整合不同企業流程並達到資料融合，根據不同情境進行最佳化分析及模型建立、創造企業智慧化的能力。例如企業可根據各項企業營

運內外參考數據與環境變化，自行動態調整企業庫存與產銷規劃；或是參考品質數據資料，輔以外部資訊，即時動態調整機台製程參數或產線活動以利品質提升等。

實現範疇

數位轉型架構的三大表現構面，分別為營運卓越、顧客體驗與商模再造，本身則涵蓋企業內外關係、數位優化與數位轉型階段等意涵。

所謂數位轉型表現構面涵蓋企業內外關係，是從企業對內與對外活動予以區隔，其中營運卓越構面聚焦在企業內部活動，而顧客體驗則強調企業與顧客互動的關係上。

至於數位優化與數位轉型階段，則帶有發展順序性的性質。數位優化是企業已經具備運用數位工具的基礎，並持續運用數位工具或基於數位資產，在既有產品／服務基礎上，擴增客戶規模、增進企業效能或強化客戶體驗；而數位轉型則是企業已經利用數位工具或基於所累積之數位資產，創造新的產品／服務或商業模式。由此可見，營運卓越與顧客體驗偏重在數位優化的努力，而商模再造則可用以衡量企業數位轉型的表現。

1. 營運卓越

基於數位化能力，達成流程運作、工作支援以及營運決策的提升。可以從價值活動、價值系統、生態系等三個方向，來衡量企業運用數位能力於業務工作執行與支援、實現營運活動數位化以及績效管理與決策制定之程度。

(1) **價值活動**：價值活動指的是企業運作產生價值所需要的一系列活動，包含：採購、設計、生產、銷售、物流等。過去，企業電子化系統，如：採購、生產、銷售系統已經提升了企業價值活動效率。現今，物聯網科技能更融合實體與虛擬，讓企業即時掌握複雜環境而快速回應。例如：RFID 技術能夠根據生產現場需求而拉引物料，不須推放過多物料在生產現場。結合人工智慧技術也可以提升效率及輔助決策。例如：根據設備狀況，能即時預測現場產品的良率，以提供生產人員即時檢查設備狀況，避免良率過低造成的重工浪費或無法準時達交。

(2) **價值系統**：價值系統主要衡量的是企業運用數位科技協助跨部門、上下游的整體營運效率的程度。企業電子化系統諸如供應鏈管理系統、ERP 系統已經做到局部的營運效率。數位科技則可以協助企業達到更全面、端對端的效率提升與決策輔助。例如：DHL 運用物聯網將濕度與溫度感測器放在貨物上，偵測貨物運送狀況，以避免保存不良或被竊盜。貨物運送可以讓代送業者、倉儲業者及終端顧客即時知道狀況。進一步，DHL 透過飛機航班、天氣、道路狀況等數據，可以提供運送風險分析，提供業主決定是否改變運送方式或路徑。

(3) **生態系統**：商業生態系係由 Moore 所提出，指由一群相互連結的個體所組成，透過聯合共生建立傳統個別企業無法達到的競爭優勢。運用數位科技，企業可以建立平台聯結的生態系統或共同進行跨組織的決策。例如：GE 公司發展 Predix 物聯網雲平台，聯結系統整合商、設備商、軟體開發業者與企業，共同建立物聯網生態系。家電製造商海爾，建立以消費者為核心的平台，讓消費者可以根據個人的喜好，自由選擇產品的機身材質、用料、噴塗顏色、圖案等，訂製出個人化的家電產品，再透過海爾供應體系實現彈性量產。

2. 顧客體驗

　　基於數位化能力，增進對於顧客的接觸、認識、訊息掌握與拓展的能力與成效。

　　(1) 顧客獲取：此階段是企業透過手段以贏得顧客，涵蓋對於顧客樣貌的理解、顧客需求的擷取以及對於顧客訊息情報的掌握等三要素。過去，獲取顧客的方式仰賴業務、行銷、客服人員對於顧客互動、顧客意見、銷售成果等主觀的理解與情報掌握。現今，透過大數據、人工智慧，可以輔助企業更深入理解顧客需求，更能即時地分析顧客樣貌與產品喜好的變化。例如：客服人員可以運用聊天機器人與顧客互動，並隨時記錄顧客的對話內容與情緒反應，進一步透過大數據歸納顧客的意見與對產品的喜好。企業也可以運用大數據工具，主動蒐集社群網路上的顧客意見，為新商品、促銷活動效果進行分析。在實體店面中，企業可以透過感測器、監視攝影機、電子看板、AR／VR 互動體驗設備、機器人等科技，蒐集顧客行為或進一步與顧客互動以提升顧客體驗。例如：萊雅集團利用 Modiface 公司的 AR 試妝鏡設備，利用 3D 臉部細微顆粒掃描顧客嘴唇、眼睛、臉輪廓、頭部姿勢及皮膚特徵等，精細偵測臉部特徵與狀況，再依據顧客臉型與皮膚狀況提供商品建議。

　　(2) 業務拓展：此階段是指企業傳遞產品／服務資訊、販售、提供服務管道，包括銷售通路、行銷管道等。過去，企業仰賴實體店面、業務員進行業務銷售與拓展。現今，企業可運用數位科技，輔助業務員或善用新的數位銷售通路，如：電子商務、智慧手機 APP 等，即所謂多通路、全通路（omni-channel）或 O2O（online to offline）的銷售通路策略。例如：IKEA 家具賣場除了建立線上購物、線上訂單賣場取貨外，也利用 AR 建立虛擬家具互動式體驗。顧客可運用 IKEA PLACE APP，

透過 AR 將所選擇的家具搭配實體房間場景狀況,這樣能更容易地選擇合適搭配的家具。全家、7-11 便利商店亦充分利用便利商店 APP,提供消費者智慧手機預購、實體店面取貨的 O2O 銷售通路策略。OK 便利商店還發展 OKMINI 智慧販賣機,在學校、工廠、公司、百貨公司等狹小空間,提供顧客購買商品並記錄消費行為與喜好。

(3) **關係維繫**:關係維繫指的是企業對於後續服務支援的努力,用以維繫顧客忠誠,涵蓋顧客服務及售後支援。企業運用數位科技,可以協助客服人員、產品開發人員更了解顧客使用的滿意度以維持顧客忠誠。例如:售後服務人員可根據顧客使用滿意度進行大數據分析,並結合輿情分析,分析商品或服務改進之處。更進一步的作法是運用物聯網技術,隨時監控產品使用狀況,提供顧客諮詢、零件運補、預測維修等。例如:Sysmex 是一家製造血液學與尿液分析的臨床診斷設備的廠商。過去,設備故障時,醫院會先記錄問題,再交由客服中心派人到現場處理,往往影響醫院的檢查效率;現今,Sysmex 設備運用感測器,結合物聯網平台,可快速地發出警告錯誤訊息給醫院,Sysmex 工程師可以遠端快速處理,並能預測損耗,預先送耗材給醫院,以增進醫院顧客關係與滿意度。

3. 商模再造

基於數位化能力與數位資產,產生的新產品/新服務模式,所創造的新利潤空間與價值。

(1) **新產品/服務**:企業採用資通訊技術或基於數位資產,發展出創新產品或創新服務,其為企業帶來商業利潤的程度。例如經營電商平台的業者,基於其長期累積的商戶交易數據資料,建立嶄新的信用評等

模型,發展新型態的小額借貸服務。

(2) **新通路**:通路是指生產者將商品或服務移轉至消費者的過程中,所有關於取得商品、服務或促進商品服務移轉的個人與機構所形成的集合;其目的在於以適當的價格、數量、品質之商品與服務,並滿足生產消費者雙方的條件下,將產品提供給顧客,以滿足其需求並達到所有權之移轉。新通路主要目的在衡量企業採用資通訊技術,創造出嶄新的產品或服務傳遞管道,其為企業帶來商業利潤的程度。例如傳統餐飲業者服務上門客戶,隨著外送餐飲平台崛起,餐飲業者化身為虛擬廚房,進而擴大服務對象,即透過新的通路以創造新的商業利潤。

(3) **新市場**:新市場、新客戶的開發,是所有企業都必須面臨和解決的現實問題,在此我們衡量的新市場,並非為地理區域差別所指的新市場,而是指對於企業而言,嶄新的藍海市場。故新市場主要目的在衡量企業利用其數位能力,創造新客群,開拓出全新的市場,而為企業帶來商業利潤的程度。例如共享經濟代表案例的 Uber,初始業務在於發展載人服務的共享,建立一個串接載客供給、需求雙方媒合的平台,隨後將同樣的服務架構,轉為載貨(食物、日用品),於是發展出 Uber Eat 服務,開創出新的外送服務市場。

(4) **新商業模式**:商業模式可以是相關利益者的交易結構、交易主體、交易規則、交易方式等,或可為企業創造價值的營運過程。簡言之,企業一方面創造顧客價值,另一方面則獲取收入,而商業模式就是價值和營收的組合。故新商業模式主要目的在衡量企業採用資通訊技術或基於數位資產,發展出創新的營收模型,為企業帶來商業利潤的程度。例如 GE 從飛機引擎製造/銷售,轉為提供引擎服務時數,即「產品製造」轉為「服務提供」;或 Adobe 從盒裝軟體銷售轉為提供線上訂閱服務,即「產品賣斷」轉為「訂閱服務」。

05
數位轉型成熟度模型

成熟度模型是一套用於描述特定事物或活動其發展過程的工具，知名代表為軟體成熟度模型（SW-CMM）。透過定義幾個不同層次的成熟度等級，及各等級實現達成的必要條件，以描繪出特定事物或活動的所處階段。

這裡所提出的數位轉型成熟度模型，是以數位轉型架構為基礎，以企業數位能力為底，透過三大表現構面的評估，除可呈現企業在包括營運卓越、顧客體驗及商模再造等構面的成熟度之外，亦可呈現其子構面的成熟度階段，進而可歸納出企業在數位優化及數位轉型的表現程度（圖16）。

數位轉型成熟度模型由數位能力與表現構面所組成，數位能力透過數位能力成熟度進行描述，表現構面則涵蓋數位優化的營運卓越與顧客體驗構面及數位轉型的商模再造構面。此模型將企業數位轉型成熟度劃分為5個等級，高成熟度等級代表具備高度基礎的數位技能。按本模型，企業數位能力水準是由低到高逐步推進的，有其階段性意義。

三大評估面向

數位轉型成熟度模型，旨在建構一套可以評估企業所處數位轉型發

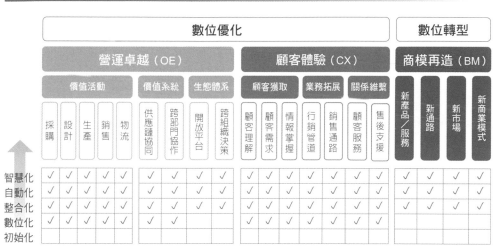

圖 16　數位轉型成熟度模型

※ 說明：圖中的勾勾，表示達成各構面的最低需求。詳後文。　　　　　　　　　　　　　資料來源：MIC

展階段的工具，透過評估其營運面、顧客面乃至於商模創新的表現，以描繪出企業所處的數位轉型階段，進而據此擬訂數位轉型階段性目標及發展策略，作為企業向上提升的參考依據。

　　而表現構面，即為企業數位轉型推動上，其成效彰顯之處。評估企業數位轉型的發展現況，除理解在營運面、顧客面乃至於商模創新等構面資訊工具的採用狀況之外，更重要的是確定所導入與採用的資訊工具所發揮的效果。

　　本書以營運卓越、顧客體驗及商模再造三大構面，為衡量評估企業數位轉型的彰顯構面。

　　其中營運卓越為凸顯企業當前運用數位能力於業務工作執行與支援、實現營運活動數位化以及績效管理與決策制定之程度。營運卓越的子構面包括價值活動、價值系統及生態體系三個層次，分別用以評估企業內部的價值活動、企業部門間及跨企業部門間的業務互動，以及產業

層次的互動發展。

顧客體驗則聚焦在企業與顧客互動的關係上，描繪企業當前運用數位能力於顧客獲取、業務拓展與關係維繫之程度。顧客體驗之子構面，基於顧客生命週期的發展，涵蓋對顧客的獲取、增進與維持等階段的活動。

至於商模再造，更是凌駕於營運卓越與顧客體驗之上，屬數位轉型表現的核心，主要在描繪企業採用數位工具或數位資產完成產品或服務開發、銷售，及發展新商業模式，進而創造新的商業利潤之程度。商模再造的子構面從產品服務、通路管道、市場態樣以及營收模型等類型為區分，旨在呈現企業因數位轉型的推動，是否在特定場景帶來顯著的新價值收入，進而帶出企業新的成長動能。

成熟度等級

數位轉型成熟度階段，可以評估出企業整體數位轉型成熟度階段、三大表現構面成熟度階段、子構面成熟度階段乃至於各細項的成熟度等級。

成熟度階段，是透過評估各構面細項的數位技能程度，以描繪企業當前在營運面、顧客面乃至於商模創新面的數位能力實現的情況，作為企業評估未來布局、規劃數位轉型方案的參酌基礎。以下為各階段的定義與說明：

1. 初始化（Level 0）：企業在其業務活動仍有部分工作仰賴人工或是紙本作業，尚未全面導入資訊系統或工具協助，處於仍正在進行數位化的階段，為數位化的準備期。

2. 數位化（Level 1）：企業在業務活動執行上已全面導入資訊系統

或工具協助，並透過各資訊工具或系統累積企業數據，屬於已具備基本數位能力的階段，為整合化階段的前導。

3. 整合化（Level 2）：企業在業務活動上已基於資訊系統或工具協助作業執行與數據蒐集，並能夠在企業內部或企業間進行數據分享，作為下階段自動化的基礎。

4. 自動化（Level 3）：企業已基於資訊系統或工具執行業務、數據蒐集與串接分享，並據此驅動其他關聯業務的自動化進行，達到基於資料的自動化運作階段。

5. 智慧化（Level 4）：為一總體融合的階段，企業得根據不同情境進行最佳化分析及模型建立，建構可調式與自主回應能力，形成所謂智慧企業。

成熟度等級要求

成熟度要求是指為實現各子項、構面而應滿足的各種條件，是作為判斷企業是否已經達成該成熟度等級的依據。

每個細項都有不同的成熟度等級要求，其中針對營運卓越構面方面，對於價值活動的成熟度要求為 Level 1 到 Level 4，對於價值系統的成熟度要求則是 Level 1 到 Level 4，至於生態體系則為 Level 2 到 Level 4；針對顧客體驗方面，均為 Level 1 到 Level 4；而屬於數位轉型的商模再造構面，則為 Level 2 到 Level 4。

營運卓越：1. 價值活動

營運卓越為凸顯企業當前運用數位能力於業務工作執行與支援、實

現營運活動數位化以及績效管理與決策制定之程度。故營運卓越其子構面包括價值活動、價值系統以及生態體系三個層次，分別用以評估企業內部的價值活動、企業部門間及跨企業部門間的業務互動、以及產業層次的互動發展。

　　價值活動為評估企業在訂單採購、研發設計、生產製造及物流倉儲等細項活動的成熟度等級，其內涵聚焦在企業內部用以創造價值的營運活動上，故在探討企業數位優化表現上，價值活動是屬於基本層次的活動，對其成熟度要求則至少應具備全面導入資訊系統或工具協助，並透過各資訊工具或系統累積企業數據的能力，即數位化（Level 1）能力等級。

　　在模型操作上，因企業具備不同的營運價值活動，故可選擇性設定企業所需要的價值活動細項，例如產品製造為主的業者，納入採購、生產、銷售等細項活動；而零售貿易業者，則可選擇採購、銷售、物流等活動建立評估模型。細項活動能力成熟度等級則表示該活動的數位能力等級，企業可擇需要之項目進行改進，提升成熟度等級。

　　以下分就各細項活動能力成熟度等級進行定義與說明：

訂單處理

　　訂單處理是指從客戶下訂單開始到客戶收到貨物為止的階段，涵蓋訂單準備、訂單傳遞、訂單登錄、按訂單供貨、訂單處理狀態跟蹤等。

Level 0：仍採用人工紙本方式進行處理
Level 1：具備訂單處理系統或工具，協助員工進行訂單處理業務
Level 2：建立電子化訂購平台，或電子化市集，協助客戶在線上完成採
　　　　購下單作業，可自動將訂單數據資料與其他產銷資料進行彙整

分析

Level 3：除具備採購下單平台外，並且可自動化串接至企業內部管理系
統，驅動生產製造或採購活動

Level 4：可根據各項企業營運內外參考數據與環境變化，自行動態調整
企業產銷規劃

採購管理

採購管理是企業自採購計畫發起、採購單生成、採購單執行、到貨
接收、檢驗入庫、採購發票的蒐集到採購結算的完整過程。採購管理終
極目標是期望透過對庫存、生產計畫銷售量等的自動感知預測，使企業
達到合理庫的存量，並滿足柔性生產需求。

Level 0：仍採用人工紙本方式進行處理

Level 1：具備進銷存或是 ERP 等具備採購管理功能的系統或工具，協
助員工進行採購業務

Level 2：採購管理系統可接收訂單系統的即時資料，據此自動發起採購
作業，將採購數據資料與其他產銷資料進行彙整分析

Level 3：自動化串接至企業內部其他系統，驅動生產製造或運輸倉儲等
活動

Level 4：可根據各項企業營運內外參考數據與環境變化，自行動態調整
企業庫存與產銷規劃

研發設計

在企業端，研發設計多指產品或服務的研發，即透過數位化工具管
理研發活動的執行，涵蓋績效管理、風險管理、成本管理、專案管理和

知識管理等活動。

Level 0：仍採用人工紙本方式進行處理

Level 1：具備數位化設計輔助工具，協助員工進行設計開發

Level 2：具備產品設計管理系統，如檔案管理系統、PDM 系統或是企業知識管理系統（KM），協助員工進行產品設計管理

Level 3：具備研發管理系統，如 PLM 系統，協助企業進行有效的產品研發管理活動

Level 4：可參酌各項企業營運內外參考數據與環境變化，提供企業產品研發的規劃路徑

生產製造

生產製造活動聚焦在 IT 與 OT 的融合，強調對於生產要素進行控管，進而實現機台監控、產線監控、排程規劃，終極目標在於根據各項數據與環境變化，自行動態調整企業庫存與生產執行計畫。

Level 0：採用人工方式進行現場監控

Level 1：具備如 MES 系統，或掌握各站點、機台資料的數位化設備，協助產線員工精準掌握生產設備運作狀況

Level 2：透過網路蒐集各站點、機台的資料進行彙整分析，並具備如規劃排程系統（APS）等，協助員工有效率執行生產製造活動

Level 3：將整體站台數據資料分享至其他功能活動，進行即時監控，用於了解設備使用效率（OEE），或進行預先保養的規劃

Level 4：根據各項企業營運內外參考數據與環境變化，自行動態調整企業庫存與生產執行計畫

物流倉儲

　　物流是物品從供應端往接收端的實體流動過程，涵蓋運輸、倉儲、裝卸、包裝、配送等活動。本活動終極目的在於實現各物流活動最佳的協調與配合，以降低物流成本，提高物流效率和經濟效益。

Level 0：採用人工方式進行監控
Level 1：具備如倉儲管理系統（WMS），協助業者自動化進行貨品、物料的入出庫及倉管業務
Level 2：具備如物流派送系統，或是串接外部物流運輸平台，確保廠區所需供料，或銷售之貨品可在透明化作業下準時送達
Level 3：自動化串接至企業內部其他系統，將整體數據資料分享至其他功能活動，並驅動諸如採購活動之進行
Level 4：可根據各項企業營運內外參考數據與環境變化，自行動態調整企業倉儲與物流派送計畫

營運卓越：2. 價值系統

　　價值系統是在評估企業在供應鏈協同或是跨部門協作等細項活動的成熟度等級，其內涵聚焦在企業部門間，或企業與企業間的業務活動串接，故在探討企業數位優化表現上，價值活動亦屬基本層次的活動，成熟度要求至少應具備全面導入資訊系統或工具協助，並透過各資訊工具或系統累積企業數據的能力，即數位化（Level 1）能力等級。

　　在模型操作上，細項活動能力成熟度等級則表示該活動的數位能力等級，企業可擇需要的項目進行改進提升，升高成熟度等級。

　　以下分就各細項活動能力成熟度等級定義說明之：

供應鏈協同

　　供應鏈協同是要求供應鏈中各企業為提高供應鏈的整體競爭力而進行彼此協調，供應鏈上各企業形成一協同網路，供應商、製造商、經銷商等可動態共享資訊、緊密協作，朝共同目標發展。

Level 0：供應鏈體系業者間並未建立任何資訊分享與傳遞的管道，或僅透過如電話傳真等方式進行訊息傳遞

Level 1：供應鏈體系業者間採用如 E-mail 方式傳遞未具備標準格式化的資訊檔案

Level 2：供應鏈體系業者間利用共用的供應鏈協同工具，傳遞具備標準格式化的共享資訊

Level 3：業者已根據共享的供應鏈數據，發展與設定相關規則，達到在生產與庫存的自動化反應與調整

Level 4：業者除根據共享的供應鏈數據，即時掌握供需協調資訊，減少中心廠與供應商間的資訊落差外，並可根據各項企業營運內外參考數據與環境變化，自行動態調整企業庫存與生產執行計畫，達到智慧化運作的目的

跨部門協作

　　企業跨部門協作目的在幫助企業優化和管理串接業務流程，提升跨部門工作效率，以利主管進行跨部門的績效管理。

Level 0：部門間並未建立數位化的資訊分享與傳遞的管道

Level 1：部門間協作僅採用如 E-mail 方式傳遞未具備標準格式化的資訊檔案

Level 2：部門間協作利用 BPM 或電子表單系統等協同工具，串接部門
間的業務活動與流程

Level 3：部門間協作除利用 BPM 或電子表單系統等協同工具，串接部
門間的業務活動與流程外，並可自動化連結企業績效管理系
統，增進企業績效管理的透明度

Level 4：除部門間利用 BPM 或電子表單系統串接部門間的業務活動，
並連結企業績效管理系統外，還可根據各項企業營運內外參考
數據之動態變化，自行調整部門活動流程負載，達到智慧化運
作的目的

營運卓越：3. 生態體系

生態體系是評估企業形塑自有生態的表現程度，其內涵聚焦在企業
於業務發展過程中是否萌生出一個以己身為核心的複雜、共演化的動態
商業體系。故在探討企業數位優化表現上，生態體系屬進階層次的活
動，對其成熟度要求應達到企業在業務活動上具備基於資訊系統或工具
協助作業執行與數據蒐集，並能夠在企業內部或企業間進行數據分享的
能力，即整合化（Level 2）能力等級。

在模型操作上，細項活動能力成熟度等級則表示該活動的數位能力
等級，企業可擇需要之項目進行改進提升，以升高其成熟度等級。

開放平台

開放平台著重在提供一開放式、參與式的基礎架構，並訂定規範，
促成供需等多方互動而創造價值的商業模式，核心能力在於側重外部資
源的使用及生態系的管理。

Level 0：無任何開放環節提供外部互動參與

Level 1：建立類似電子採購市集或研發平台，匯聚與媒合各方資訊以提供服務

Level 2：透過自建平台提供 API 界接，允許外部業者在規範架構下建立資料數據的串接

Level 3：API 不僅提供資料數據的串接，更可進一步串接至企業內業務活動流程，建立更緊密的互動模式

Level 4：企業本身除提供高彈性的 API 串接外，更可根據相關數據的變化，智慧化地動態調控平台運作

跨組織決策

跨組織決策是指企業組織透過其資訊實力，建立一個以自身為核心，得以讓其他企業組織作為決策制定依賴的環境之能力。

Level 0：不具備任何讓其它企業組織作為決策制定仰賴的能力

Level 1：具備單純訊息發布管道或平台，提供基本的查詢能力

Level 2：透過提供 API 界接，允許外部業者建立不同等級的資料數據的串接

Level 3：可根據外部業者屬性，提供個別化的數據提供設定，進而協助業者建立更直接的企業決策模式

Level 4：除個別化的數據設定提供外，更可根據總體環境的變化，智慧化地動態調控數據的質與量

顧客體驗：1. 顧客獲取

顧客體驗為凸顯在企業與顧客互動的關係上，描繪企業當前運用數位能力於顧客獲取、業務拓展與關係維繫之程度。顧客體驗的子構面，是基於顧客生命週期所發展，涵蓋顧客獲取、顧客增進與顧客維持等階段的活動。

顧客獲取是指企業透過手段以贏得顧客，涵蓋對於顧客樣貌的理解、顧客需求的擷取以及對於顧客訊息情報的掌握等三要素。故在企業數位優化表現上，對成熟度的要求應達到具備全面導入資訊系統或工具協助，並透過各資訊工具或系統累積企業數據的能力，即數位化（Level 1）能力等級。

在模型操作上，細項活動能力成熟度等級則表示該活動的數位能力等級，企業可選擇需要之項目進行改進提升，升高其成熟度等級。

顧客理解

顧客理解主要為企業透過資訊工具，描繪主要市場中消費者特質，或描繪企業型顧客的終端消費者的樣貌之能力。

Level 0：不具備任何數位化工具或能力以支持企業進行顧客（消費者）樣貌的分析或描繪

Level 1：具備資訊系統或數位工具蒐集顧客（消費者）的各項數據以進行樣貌分析

Level 2：除透過自有資訊工具蒐集顧客數據之外，並納入與整合外部數據進行樣貌分析

Level 3：可自動化進行數據蒐集與解析，並具備設定規則以自動化觸發

後續業務活動的進行

Level 4：除具備定向設定規則以自動化觸發後續業務活動進行外，更可根據總體外在環境的變化，智慧化地動態調控後續業務的進行

顧客需求

顧客需求是指企業透過資訊工具描繪主要市場中消費者，或描繪企業型顧客的終端消費者的偏好之能力。

Level 0：不具備任何數位化工具或能力以支持企業進行顧客（消費者）偏好的分析或描繪

Level 1：具備資訊系統或數位工具蒐集顧客（消費者）的各項數據以進行顧客偏好分析

Level 2：除透過自有資訊工具蒐集顧客數據之外，並納入與整合外部數據進行顧客偏好分析

Level 3：可自動化進行數據蒐集與解析顧客偏好，並具備設定規則以自動化觸發後續業務活動的進行

Level 4：除具備定向設定規則以自動化觸發後續業務活動進行外，更可根據總體外在環境的變化，智慧化地動態調控後續業務的進行

情報掌握

情報掌握是指企業透過資訊工具得以掌握或預測顧客偏好的轉變之能力。以 B to C 類型的企業而言，在於了解顧客（市場）未來需求的改變方向；以 B to B 類型的企業而言，則是掌握其企業顧客未來的發展方向。

Level 0：不具備任何數位化工具或能力以支持企業進行顧客偏好轉變分析，或發展方向改變的判斷

Level 1：具備資訊系統或數位工具蒐集顧客（消費者）的各項數據以進行顧客偏好轉變分析，或發展方向改變之判斷

Level 2：除透過自有資訊工具蒐集顧客數據之外，並納入與整合外部數據進行顧客偏好轉變分析，或發展方向改變之判斷

Level 3：可自動化進行數據蒐集與解析顧客偏好轉變或判斷發展方向改變，並具備設定規則以自動化觸發後續業務活動的進行

Level 4：除具備定向設定規則以自動化觸發後續業務活動進行外，更可根據總體外在環境的變化，智慧化地動態調控後續業務的進行

顧客體驗：2. 業務拓展

業務拓展是指企業傳遞產品／服務資訊、販售、提供服務的管道，包括銷售通路、行銷管道兩個要素。故在企業數位優化表現上，對其成熟度要求應達到具備全面導入資訊系統或工具協助，並透過各資訊工具或系統累積企業數據的能力，即數位化（Level 1）能力等級。

在模型操作上，細項活動能力成熟度等級則表示該活動的數位能力等級，企業可擇需要的項目進行改進提升，升高其成熟度等級。

行銷管道

行銷管道意指企業採用數位化工具將行銷資訊傳遞給消費者或企業型的顧客之能力。

B to C 與 B to B 企業的行銷的方式與重點全然不同。就 B to C 的企業而言，在進行行銷時，往往採用主動向外的行銷方式。也就是透過

許多廣告工具，像是臉書廣告、入口網站的關鍵字廣告等，進行行銷資訊的傳播。其目的有兩個。第一，讓潛在顧客對公司品牌或產商有印象，以便未來有需求時，他們會聯想到該產品。第二，提醒或告知現有顧客本公司的行銷活動，以增加到店消費的可能性。

然而，在消費鏈上，企業用戶跟一般消費者是有所差異的。舉例來說，相較於 B to C 的企業而言，B to B 的企業型顧客之數量較少、每次消費金額龐大、消費頻率較低、消費的周期較長等。因此，上述的大眾傳播方式很難為 B to B 的企業帶來企業型顧客付費的轉化。因此，對於 B to B 的企業而言，其行銷重點將是產品廣告化。行銷策略必須著重「建立可信任的品牌形象」，讓顧客主動找上門。也就是，B to B 的企業必須塑造自己的形象提升到最頂級，然後讓欣賞它的顧客「自主地」前來了解、評估，最後購買。

Level 0：未採用任何數位化工具（含平台）傳遞企業產品或服務之行銷資訊

Level 1：透過自建平台，或採用外部數位化工具傳遞企業產品或服務的行銷資訊

Level 2：除透過自建平台，或採用外部數位化工具傳遞企業產品或服務的行銷資訊之外，並納入外部數據或串接外部平台數據以進行彙整分析

Level 3：基於數據彙整基礎，並設定規則以自動化觸發後續相關業務活動的進行

Level 4：除具備定向設定規則以自動化觸發後續業務活動進行外，更可根據總體外在環境的變化，智慧化地動態調控後續業務的進行

銷售通路

銷售通路是指企業採用數位化的通路，將商品或服務提供給消費者或企業型顧客之能力。

Level 0：未採用任何數位化工具（含平台）銷售或傳遞企業之產品或服務

Level 1：透過自建平台，或採用外部數位化工具銷售或傳遞企業的產品或服務

Level 2：除透過自建平台，或採用外部數位化工具銷售或傳遞企業產品或服務之外，並同步串接包括金流、支付等系統，驅使整體銷售流程更加平順

Level 3：除橫向串接各項銷售過程中的必要資訊工具外，並可自動化觸發後續相關業務活動的進行，例如啟動客服

Level 4：除可自動化觸發後續業務活動進行外，更可根據總體外在環境的變化，智慧化調控銷售活動的執行，例如定價動態調整

顧客體驗：3. 關係維繫

指企業對於後續服務支援的努力，用以維繫顧客忠誠，涵蓋顧客服務與售後支援。故在企業數位優化表現上，對其成熟度要求應達到具備全面導入資訊系統或工具協助，並透過各資訊工具或系統累積企業數據的能力，即數位化（Level 1）能力等級。

在模型操作上，細項活動能力成熟度等級則表示該活動的數位能力等級，企業可擇需要的項目進行改進提升，升高其成熟度等級。

顧客服務

顧客服務是指企業利用數位工具，促進消費者或企業型顧客進行當次交易發生，或再次交易發生的能力。

Level 0：未採用任何客服系統等數位化工具協助企業提高交易發生頻率
Level 1：具備獨立的客服系統協助企業提高交易發生的頻率
Level 2：與顧客理解、顧客行銷等資訊系統或工具串接，據此強化客服系統之能力
Level 3：除橫向串接各項銷售過程中的必要資訊工具外，並可根據數據自動化觸發促銷活動
Level 4：根據總體外在環境的變化，智慧化調控促銷活動的執行，並動態調控促銷活動的設定

售後支援

售後支援是指企業在交易之後，顧客對於該次交易產品或服務有所需求或不滿時，透過數位化工具提供支援服務之能力。

Level 0：未採用任何售後支援工具協助企業進行售後支援服務
Level 1：具備獨立的售後支援系統協助企業進行售後支援服務
Level 2：具備橫向串接包括顧客服務、帳務等系統，更全面地確保客戶的滿意程度
Level 3：除橫向串接各項顧客服務的資訊工具外，並可根據設定規則自動化觸發其他處理業務，諸如退款、維修、進料等
Level 4：根據總體外在環境的變化，智慧化調控後續其他處理業務的參考基準，諸如反饋至行銷活動，或提早進行備料庫存等

商模再造

商模再造為凌駕於營運卓越與顧客體驗之上，屬數位轉型表現的核心，強調企業採用數位工具或數位資產完成產品或服務開發、銷售，及發展新商業模式，進而創造新的商業利潤之程度。商模再造的子構面聚焦在包括產品服務、通路管道、市場態樣及營收模型等，旨在呈現企業因數位轉型的推動，是否帶來顯著的新價值收入，進而帶出企業新的成長動能。

由於屬於數位轉型的層次表現，對其成熟度要求則至少應具備企業在業務活動上已基於資訊系統或工具協助作業執行與數據蒐集，並能在企業內部或企業間進行數據分享之能力，即整合化（Level 2）能力等級。

新產品／服務

新產品／服務是指企業採用資通訊技術或基於數位資產，發展出創新產品或創新服務，為企業帶來商業利潤的能力

Level 0：未採用任何資通訊技術或基於數位資產，以發展創新產品或創新服務

Level 1：已透過特定資通訊技術或基於數位資產，發展出創新產品或創新服務

Level 2：在利用特定資通訊技術或基於數位資產，發展創新產品或創新服務的同時，並具備串接企業內其他資訊工具或系統的能力

Level 3：透過橫向串接企業內各資訊系統，得以彙整統合企業內部數據以支持新產品／服務的發展

Level 4：廣泛涵蓋企業內外、總體環境變化的數據資訊，以支持新產品
／服務的發展

新通路

新通路主要目的在衡量企業採用資通訊技術或工具，創造出嶄新的
產品或服務傳遞管道，為企業帶來商業利潤之能力。

Level 0：未採用任何資通訊技術或工具，以發展新的產品或服務傳遞管
道

Level 1：已透過特定資通訊技術或工具，以發展新的產品或服務傳遞管
道

Level 2：在利用特定資通訊技術或工具，以發展新的產品或服務傳遞管
道之同時，並具備串接企業內其他資訊工具或系統的能力

Level 3：透過橫向串接企業內各資訊工具或系統，得以彙整統合企業內
部數據以支持企業發展新的產品或服務傳遞管道

Level 4：廣泛涵蓋企業內外、總體環境變化的數據資訊，以支持企業發
展新的產品或服務傳遞管道

新市場

新市場主要目的在衡量企業利用其數位能力，創造新客群，開拓出
全新的市場，而為企業帶來商業利潤之能力（在其產品／服務不變的情
況下，透過數位工具創造出新的客群）。

Level 0：未採用任何資通訊技術或工具，以開拓全新的市場客群
Level 1：已透過特定資通訊技術或工具，以開拓全新的市場客群

Level 2：在利用特定資通訊技術或工具，以開拓全新的市場客群之同
時，並具備串接企業內其它資訊工具或系統的能力

Level 3：透過橫向串接企業內各資訊工具或系統，得以彙整統合企業內
部數據以支持企業開拓全新的市場客群

Level 4：廣泛涵蓋企業內外、總體環境變化的數據資訊，以支持企業開
拓全新的市場客群

新商業模式

新商業模式主要目的在衡量企業採用資通訊技術或基於數位資產，
發展出創新的營收模型，為企業帶來商業利潤之能力。

Level 0：未採用任何資通訊技術或基於數位資產，以發展嶄新的商業模
式

Level 1：已透過特定資通訊技術或基於數位資產，以發展嶄新的商業模
式

Level 2：在利用特定資通訊技術或基於數位資產，以發展嶄新的商業模
式的同時，並具備串接企業內其它資訊工具或系統的能力

Level 3：透過橫向串接企業內各資訊系統，得以彙整統合企業內部數據
以支持企業發展嶄新的商業模式

Level 4：廣泛涵蓋企業內外、總體環境變化的數據資訊，以支持企業發
展嶄新的商業模式

06
數位轉型指標

定義

企業數位轉型指標（DTI, Digital Transformation Index）用以衡量企業當前運用數位能力在創造與維繫客戶、提升營運效能或創造新價值的程度與所處階段。

數位轉型指標的發展基礎源自於數位轉型轉型架構的三個衡量構面，其中營運卓越描繪企業基於數位化能力，達成流程運作、工作支援以及營運決策的變革與提升之表現；顧客體驗則描繪企業基於數位化能力，增進對於顧客的接觸、認識、訊息掌握與拓展的能力與成效；而商模再造則在評估企業基於數位化能力與數位資產，產生的新產品／新服務／新市場／新通路，所創造的新利潤空間與價值（圖 17）。

數位轉型指標與數位轉型成熟度模型均為依據數位轉型架構所發展出來的工具，可說是衡量企業數位轉型的一體兩面。一體為涵蓋兩層次、三構面的數位轉型架構，兩面則是數位轉型成熟度模型與數位轉型指標，其中數位轉型成熟度模型，是用以提供顧問團隊客觀衡量企業在數位轉型各構面所具備的數位能力等級，作為企業導入數位轉型準備階段的參考資訊；而數位轉型指標主要衡量與呈現當前企業數位轉型的表現成果，例如企業運用數位工具在營運活動方面的成效，或是基於數位

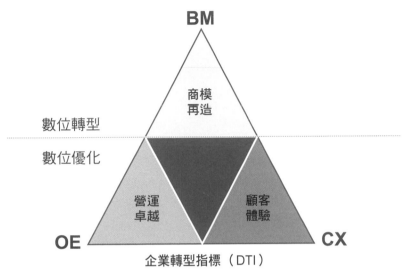

圖 17　數位轉型指標

資料來源：MIC

資產發展出新商業模式的成果等，用以理解企業在數位化過程的發展態勢。

轉型三階段

　　MIC 基於數位轉型成熟度模型對企業進行評估，將各構面成熟度情況轉化為 0 ～ 10 的分數區間，以呈現企業數位轉型的所處階段。MIC 根據各構面的分數級距，將企業數位轉型的階段分為數位化、數位優化以及數位轉型三個階段，其中「數位化階段」表示企業仍處於數位工具的規劃階段，或已進行部分工具的導入，但尚未得到進一步的成效；「數位優化階段」表示企業已經具備數位工具運用的基礎，將數位工具用於擴增客戶規模、增進企業效能或強化客戶體驗上，並獲得一定程度的成

圖 18 數位轉型階段

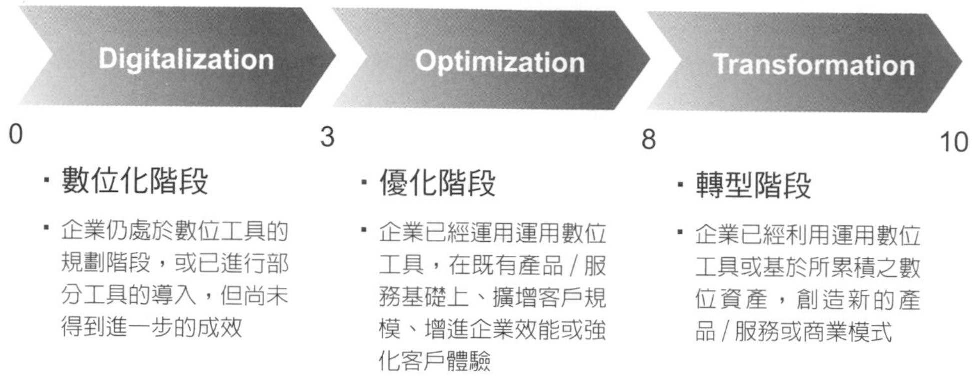

Digitalization → **Optimization** → **Transformation**

0   3   8   10

- **數位化階段**
  - 企業仍處於數位工具的規劃階段，或已進行部分工具的導入，但尚未得到進一步的成效

- **優化階段**
  - 企業已經運用運用數位工具，在既有產品／服務基礎上、擴增客戶規模、增進企業效能或強化客戶體驗

- **轉型階段**
  - 企業已經利用運用數位工具或基於所累積之數位資產，創造新的產品／服務或商業模式

※ 說明：圖中數字為評測分數的級距，3 分以下為數位化階段、3～8 分為優化階段，8 分以上則是轉型階段。　　　　資料來源：MIC

效；「數位轉型階段」表示企業不僅具備基本的資訊應用基礎能力，並可利用數位工具或基於所累積之數位資產，創造出新的產品／服務或商業模式（圖 18）。

評測方式及工具

數位轉型指標具備 3 個構面，分別為營運卓越、顧客體驗以及商模再造，其中營運卓越可從價值活動、價值系統、生態系等 3 個子構面來衡量企業運用數位能力於業務工作執行與支援、實現營運活動數位化以及績效管理與決策制定之程度；顧客體驗是基於顧客生命週期，從顧客獲取、業務拓展、關係維繫等 3 個子構面來衡量企業運用數位能力當前運用數位能力於顧客獲取、業務拓展與關係維繫之程度；商模再造則以基於數位化能力與數位資產此 2 個子構面，來衡量企業產生的新產品／新服務模式所創造的新利潤空間與價值。

　　評測方式可透過發展自評問卷或專家顧問評估進行，其中自評問卷因回答對象為企業參與者，即高階主管、員工；而專家顧問評估則以受過訓練的專家進行評估。

　　由於分別具有不同的職能背景，因此自評問卷應強調淺顯易懂，題目設計涵蓋三大構面內 10 個子構面，以每個子構面至少 1 個題項（1 個題項 1 分），不超過 3 個題項為原則發展，避免艱澀用語與過多題數，目的在於反應企業內人員如何看待企業數位轉型所處的程度與階段。

　　至於專家顧問評估方式，則朝細化與深化方向進行，同樣應涵蓋大構面內 10 個子構面，但可向下建立更精細的評測準則，例如在營運卓越的價值活動可以細化為採購、設計、生產、銷售、物流等一系列活動；顧客體驗的顧客獲取子構面則可再拆解為顧客樣貌的理解、顧客需求的擷取以及對於顧客訊息情報的掌握三部分。

　　至於不同深淺程度的評測方式與工具，其運用時機與目的也不盡相同，使用時應避免誤用而造成欲導入數位轉型企業的疑慮與不信任；反之若運用得當，則可為企業數位轉型之導入建立一好的開始。

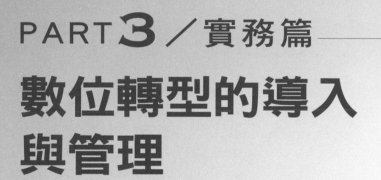

PART 3 ／實務篇

數位轉型的導入
與管理

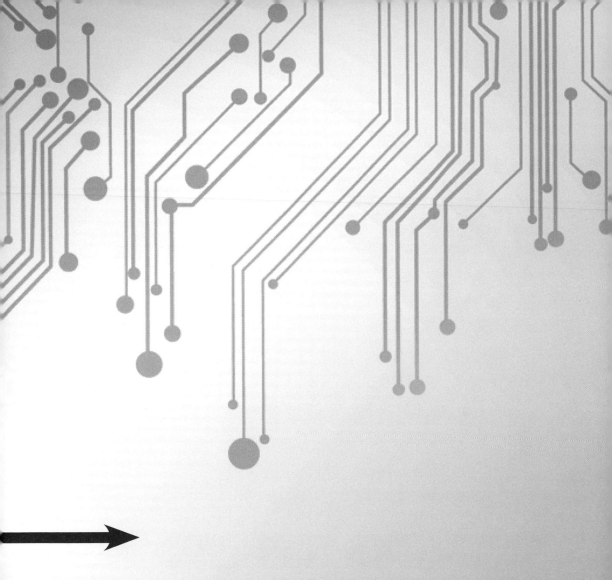

07
數位轉型的導入程序

　　數位轉型影響企業活動甚廣，因此在企業評估進行數位轉型時，需要一個標準進行程序與可參考的作業指引，方能順利協助企業在進行數位轉型時有可依循的作法。

　　數位轉型導入程序涵蓋五個步驟，分別是知識建構、健診評估、需求發掘、方案規劃及導入執行（圖 19）。

圖 19　數位轉型導入程序

執行項目	Step 1 知識建構	Step 2 健診評估	Step 3 需求發掘	Step 4 方案規劃	Step 5 導入執行
執行要素描述	・新知與趨勢探討 ・認知數位轉型 ・確認數位轉型對企業的價值創造	・成熟度評量 ・專家諮詢 ・個案觀摩	・界定議題 ・解決構想 ・藍圖規劃 ・先導實證	・針對目的執行進度管理 ・對組織結構及制度管理 ・內外部關鍵人物確認 ・科技產品／服務方案之選擇	・方案導入 ・修正與重新定義 ・人才引進與培訓

資料來源：MIC

Step 1 知識建構

知識建構階段是企業進行數位轉型導入的首個階段，也是企業進行數位轉型的起手式。概念建立階段有三個執行活動，分別是新知與趨勢探討、認知數位轉型以及確認數位轉型對企業的價值創造。

新知與趨勢探討是透過外部專家分享技術或應用發展態勢，目的在於透過較軟性的手法，傳遞相關的知識給企業內部成員，以利在進行數位轉型活動時，能夠與時俱進。

認知數位轉型（屬於 5W1H 的 What 部分）在於讓企業整體充分認識何謂數位轉型，了解數位轉型的定義與意涵，以及企業為什麼要進行數位轉型。其三是確認數位轉型對企業的價值創造（屬於 5W1H 的 Why 部分），進一步聚焦在實施企業本身，強化企業上下對於自身企業為何要在此時此刻進行數位轉型給予合理化的解釋，進而藉此凝聚企業整體的共識。

知識建構的目的在於確保企業各層級員工能夠與時俱進，理解到外在總體環境的發展現況，並認知到企業與個人即將面臨的變革，以凝聚企業整體上下的共識。

Step 2 健診評估

在建立企業數位轉型的共識後，到正式邁向實施階段前，有一個重要的銜接階段，即健診評估。主要是企業在凝聚共識後，再進一步檢視己身企業的準備程度，作為後續進行數位轉型導入的參考依據（屬於屬於 5W1H 中 How 的基礎與前置作業）。本階段同樣包含三個執行活動，

分別是評估企業的數位轉型準備程度、專家諮詢及個案觀摩。

首先是評估企業的數位轉型準備程度，透過數位轉型成熟度量表，除可藉此了解自身數位能力以外，數位轉型指標亦可用於呈現企業在營運卓越、顧客體驗或是商模再造各細構面的發展程度。其次是專家諮詢，根據數位轉型評估的各項數據指標，由顧問專家提供其解讀，並引導未來可進一步著墨的發展構面。其三則是個案觀摩，在完成企業自身數位能力與階段的診斷解析後，根據企業所處領域、可能有興趣之技術議題，以及顧問專家歸納的議題構面為篩選條件，選出相關的企業數位轉型個案集作為素材，提供企業成員研讀，以作為下一階段需求發掘時的先備知識。

所以，健診評估階段的目的，在於透過數位轉型指標解析，掌握企業自身數位能力與階段，並透過專家顧問的解讀與諮詢，進一步縮小企業面臨轉型的範圍，以利下個階段企業挑選數位轉型導入方向的依循基礎。

Step 3 需求發掘

在理解企業自身的數位能力與所處階段後，就必須擇定數位轉型導入方向，再深入拆解所選定的議題方向，確認欲發展之目的、確認目的與關鍵要素的配合內容、規劃實施藍圖及進行先導實證。

由於數位轉型導入整體大範圍地涵蓋了從數位化、數位優化到數位轉型三個階段，而對於企業而言，除透過第二階段數位轉型能力成熟度評估了解自身數位能力以外，數位轉型指標亦可用於呈現企業在營運卓越、顧客體驗或是商模再造各細構面的發展程度。然企業營運因其所處的位置、市場環境或其他影響因素多有不同，必須先整體掃描企業當前

面臨的問題，作為進一步建立數位轉型導入方向的候選名單。

在掃瞄盤點當前企業面臨的問題後，進一步透過確認產業之企業層級相關角色，可從產業生態系中找到關係企業，作為未來組織影響分析的考量點；並從產業中找到經常性流程，作為未來的角色對應，解析企業在諸多議題中的地位、角色及重要性，以有效釐清不同議題的短、中、長期影響程度，以作為挑選數位轉型導入方向的判斷基礎。

在確立數位轉型導入方向後，接著是擇定發展之目的及確認目的與關鍵要素的配合內容。首先透過找到能創造價值之「大目的」，進一步了解執行目的的本質為何，再將其大目的拆解成小目的，以明確定位將來目的之細部小目的，作為後續發展與規劃配合內容的指導原則。

例如在營運卓越，可以是從策略決策到執行等全價值鏈的自動化，或對時間、能源、原物料與資產等資源有效率地應用。在顧客體驗方面，則聚焦在替客戶創造「真實時刻」與支援決策旅程的客製化提供；透過跨平台的顧客資訊整合，降低摩擦與增加交易速度；或藉由隱私與信任、CRM、數位行銷，取得適合的人才與技能。至於在商模再造方面，則可藉由新科技的使用，滿足市場需求；或深入了解價值鏈與機會的可擴展性；或藉由關注全體市場需求與不投資的機會成本，以解決現有業務的問題。在確認欲發展方向的大目的與小目的後，再據此規劃具體的實施藍圖與進行先導實證，使企業正式邁入數位轉型導入實施階段。

本階段的目的在於確立數位轉型方向，透過產業化創新方法 STEPS（含問題挖掘〔Survey〕、主題目標〔Target〕、鏈結組隊〔Engage〕、先導實證〔Pilot〕及服務擴散〔Spread〕共 5 個步驟）為工具，界定欲解決的領域議題，解析出欲發展領域之大目的與小目的，以及達成相關目的所需要的配合內容，據此開展出實施藍圖與進行先導實證，作為行動方案建立的基礎。

Step 4 方案規劃

在企業數位轉型規劃藍圖建立與先導實證完成後,隨即步入企業數位轉型導入的深水區,即根據規劃藍圖與實證結果,建立行動方案。這部分活動有四大區塊,分別是針對專案進度、組織與制度、參與的關鍵人員以及科技產品或服務方案的選擇。

企業數位轉型茲事體大,涉及層面廣,因此行動方案建立首先是根據藍圖設定發展目標,而目標的設定必須符合 SMART 原則(具體〔Specific〕、可衡量〔Measurable〕、可實現〔Achievable〕、結果導向〔Result-based〕及時效性〔Time-bound〕),後續則需要持續對所設定的目的進行進度管理,確保時程與發展方向的可控與穩定。

組織與制度方面,則聚焦在數位轉型同時所需要因應的組織結構變動與制度調整,作為有效支持數位轉型導入的依靠與支柱。參與的關鍵人員則是對專案起始、專案進行到專案結案各階段的關鍵人員予以持續管控,避免重要的關鍵人員因離退或異動而成為專案導入的延宕或失敗。

最後是科技產品或服務方案的選擇,企業數位轉型導入不必然需要企業一手包辦,部分活動可向外尋求專案服務團隊或廠商的協助,達到事半功倍、專注核心的效果。向外界尋求資源協助時,可運用技術 / 方案採用決策矩陣,對各方成熟的方案進行評選,確保企業的效益極大化;若決定由企業內部獨立完成,則應率先盤點可用資源,再挑選合適的方式進行,諸如當前熱門的敏捷式開發或管理,以利後續執行的順遂。

Step 5 導入執行

　　隨著企業步入數位轉型導入的深水區，專案檢視與控管將是持續追蹤、掌握導入活動的重要活動。在專案正式實施時，如何確保專案實施的方向一致、專案進度的穩健發展以及關鍵資源的掌握與調控，都影響著企業數位轉型專案能否順利進行與推動。

　　數位轉型是一個持續的過程，每次轉型旅程的結束，僅是代表另一個新的轉型旅程的開始。因此，數位轉型的進行恰可套用企業界早已普遍運用的一套 PDCA 循環機制，即規劃（Plan）、執行（Do）、查核（Check）、行動（Act）四階段，以確保數位轉型導入得以持續進行。

　　本階段重點在確認及衡量導入成效，針對執行項目進行成果報告及分析，進而形成案例，累積企業進行數位轉型的歷程資產；然後針對導入成效，重新檢視各階段需重新規劃及調整的內容（如：目的可執行情況、智慧化程度適切性及科技方案有用性等），作為下一個循環啟動時的調整參考。

電子書
免費下載

瑞典利樂公司數位轉型
觀察

08
數位轉型導入的管理議題

投入時機

隨著近年來數位科技進展迅速,「數位轉型」的口號震天價響,但許多企業主對數位轉型的內涵不是很理解,尤其企業現階段的處境,在數位科技的運用上,到底是需要升級(數位優化)?還是真的需要轉型(數位轉型)?應該如何進行,都造成許多企業主莫衷一是!

本書將企業數位轉型的程度,分為數位化、數位優化以及數位轉型三個階段(圖20),其中「數位化階段」表示企業仍處於數位工具的規劃階段,或已進行部分工具的導入,但尚未得到進一步的成效;「數位優化階段」表示企業已經具備數位工具運用的基礎,將數位工具用於擴增客戶規模、增進企業效能或強化客戶體驗上,並獲得一定程度的成效;「數位轉型階段」表示企業不僅具備基本的資訊應用基礎能力,並可利用數位工具或基於所累積之數位資產,創造新的產品/服務或商業模式。

不論是數位轉型或是數位優化,都對台灣產業都很重要,但不是每家企業都需要數位轉型。根據分析顯示,台灣目前大部分企業現在最需要的是「數位優化」,亦即透過數位科技的運用來提升「營運卓越」及強化「顧客體驗」,以提升組織整體的競爭力。

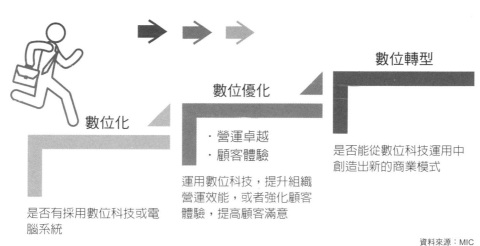

圖 20　數位轉型程度

數位轉型

數位優化

數位化

· 營運卓越
· 顧客體驗

是否能從數位科技運用中
創造出新的商業模式

運用數位科技，提升組織
營運效能，或者強化顧客
體驗，提高顧客滿意

是否有採用數位科技或電
腦系統

資料來源：MIC

　　根據韓第（Charles Handy）提出的 S 曲線理論，企業發展歷程可
描繪成 S 曲線的三個部分，分別是起始、發展到衰退，並指出此條 S 曲
線是企業發展的必經之路與宿命（下頁圖 21）。他認為當企業有幸度過
艱困的起始階段後，會邁入穩定向上發展的曲線中段，並且隨之步入曲
線的頂點然後逐步走向衰落。倘若企業要擺脫 S 曲線所描述的宿命，則
必須開啟另一條新的成長 S 曲線，此即第二曲線。開啟第二曲線代表，
企業若想要持續發展，締造新的增長動能，則應該在尚未步入第一曲線
頂點前，及早採取變革措施，在仍有時間、資源餘裕之際，走出一條新
的發展道路。

　　故根據第二曲線所述，若企業所處產業生命週期已至成熟及衰退的
階段；或組織原有的營運模式無法因應市場的變遷與需要，競爭力大幅
下滑，成長面臨停滯，就應該思考進行數位轉型，甚至應該更提前就思
考。

　　此外，從以往企業進行數位化的失敗歷程可以觀察到，在進行數位

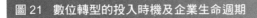

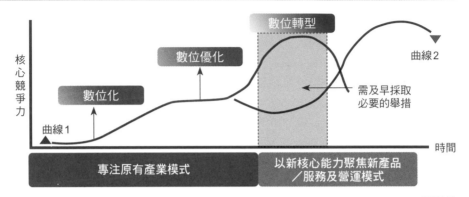

圖 21　數位轉型的投入時機及企業生命週期

資料來源：MIC

化變革活動時，技術採用並非越新越好，適切的科技導入才是成功的重點；其次是必須基於問題導向而非技術導向，數位工具採用是手段而不是目的，以免流於窄化為技術導入的層次；其他還包括避免用舊思維思考新問題、進行數位化活動時將其設定範圍在資訊問題而忽視對整體企業的影響，或是過度強調自己動手做，而忽視外部資源的協作與利用等。故而在企業計畫採取新的舉措以因應數位轉型所需時，包括手段作法、思維模式等，均需要通盤考量，以防止落入以往企業數位化失敗的陷阱。

管理方向

　　數位轉型是持續式轉型的過程，原因是企業面臨的是持續發展的新興技術、不斷轉變的市場、動態的產業競爭及價值體系的重塑等因素：

　　1. 新興技術：近期新興技術從雲端運算、行動運算、大數據到人工智慧的不斷發展，使得企業不加緊應用會處於競爭劣勢。然而，如何善

用與管理新興技術以協助轉型是一個重要管理議題。

2. 市場轉變：市場不斷轉變來自於新興科技也來自於產業競爭。特別是新興技術帶來顧客的使用習慣改變（如：電子商務購物、行動購物）、使用體驗提升（如：虛擬實境）、服務過程改變（如：重視使用產品階段的服務提供）等，均使得企業必須在市場策略、營運模式上持續地改變以因應。

3. 產業競爭：受到新興技術、市場轉變的影響，也使得產業競爭加劇或跨界競爭。例如：電子商務業與實體零售店競爭、線上串流影音競爭傳統電視節目、小量多樣產品藉由科技與傳統製造業競爭、設備製造商跨足數據分析服務等。這些產業競爭不僅在效率提升、產品改變層次，甚至是改變商業模式，因此企業需要轉變產品服務模式、商業模式等。

4. 價值重塑：在市場轉變、產業競爭下，使得整個商業運作的價值有所改變，企業不隨之轉變將會處於競爭劣勢甚至退出市場。例如：線上影音隨時隨地觀看、一次觀看數集的追劇模式，取代傳統電視節目定期觀看的模式；數據與服務價值取代設備本身的價值；小量多樣製造取代傳統大量製造的價值；快時尚服飾取代精品服飾價值等。

企業在這些不斷改變的環境下，必須自我評估、確定方向，並持續引入資源及漸進式、積小成多方式進行轉型（下頁圖 22）。更重要的是企業必須從管理面重視組織文化、組織結構、人力資源、IT 管理方式等，以能持續因應環境變動，進而不斷轉變思維以適應轉變的環境。

綜合上述，建議企業應從三個管理方向進行轉型（頁 103 圖 23）：

1. 技術轉型：技術轉型的主要內涵是科技導入與數位化。企業必須評估、導入並整合 AI、大數據、IoT 等資訊科技，以開發新產品、新服務，提供新顧客體驗。

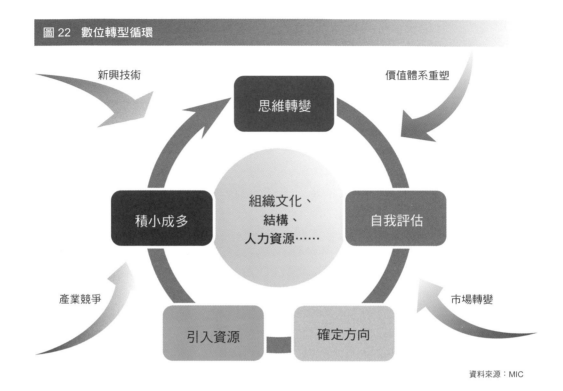

圖 22　數位轉型循環

新興技術

價值體系重塑

思維轉變

積小成多

組織文化、
結構、
人力資源……

自我評估

產業競爭

市場轉變

引入資源

確定方向

資料來源：MIC

　　2. 制度轉型：制度轉型主要內涵是企業如何建立數位化友善環境／機制以讓組織能持續轉型。但企業組織的核心仍然是人，因此如何建構數位化友善的制度與環境是能持續轉型的重點，包括人才選用、工作技能培養、企業內部規章與績效評估制度等。

　　3. 基因轉型：基因轉型更重視如何將數位轉型成為企業 DNA，讓組織每個職位的人能因應環境變化而協助企業持續轉型。換句話說，基因轉型是將數位化內化至企業文化與思維之中。讓組織人員能大膽想像未來，透過結合網路與資訊科技改變產業既有運作模式，乃至於提出新的商業模式、數位產品與數位服務。

　　以下段落將分技術轉型、制度轉型、基因轉型三個方向說明企業在技術、制度、人員、文化層面等如何進行管理。

圖 23 企業數位轉型階層

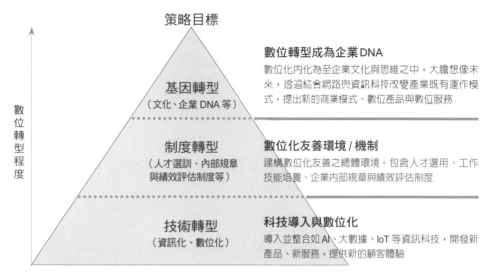

策略目標

數位轉型程度

基因轉型
（文化、企業 DNA 等）

數位轉型成為企業DNA
數位化內化為至企業文化與思維之中，大膽想像未來，透過結合網路與資訊科技改變產業既有運作模式，提出新的商業模式、數位產品與數位服務

制度轉型
（人才選訓、內部規章與績效評估制度等）

數位化友善環境 / 機制
建構數位化友善之總體環境。包含人才選用、工作技能培養、企業內部規章與績效評估制度

技術轉型
（資訊化、數位化）

科技導入與數位化
導入並整合如 AI、大數據、IoT 等資訊科技，開發新產品、新服務，提供新的顧客體驗

資料來源：MIC

1. 技術轉型

　　技術轉型主要內涵是科技導入與數位化。企業必須評估、導入並整合 AI、大數據、IoT 物聯網等資訊科技，以開發新產品、新服務，提供新的顧客體驗。然而，企業導入、架構新的技術卻是一個新的挑戰與管理議題。如 IDC 科技顧問公司認為：大數據、智慧手機、雲端運算、社群媒體等是第三代 IT 平台；加上認知運算、人工智慧、物聯網、AR ／ VR 科技則成為第四平台。不論是第三代平台、第四代平台均意味著與傳統主從式架構、PC 個人電腦／伺服器等 IT 管理方式有所不同。以下分為技術架構、數據與分析、體驗介面及雙模發展進行探討。

技術架構

不論是第三代或第四代平台均是朝雲端運算平台架構的改變。這意味著導入新興技術時，雲端運算技術或服務將是一項新的改變，包含：虛擬化技術、微服務技術、DevOps 服務生命週期管理等。管理 IT 資源的技巧不僅是新雲端運算技術，還包含從服務的思維去管理 IT 資源。這將會影響不同層面的實施、導入與管理改變：

1. 混合雲架構：企業開始將愈來愈多軟體放置私有雲、公有雲上進行部署、運行，將會產生複雜混合雲架構管理議題。企業 IT 人才不但要熟悉雲架構的開發、部署，也要注意雲端服務委外管理、資料安全等議題。

2. DevOps 服務管理：在雲端服務上部署的軟體主要以面對快速變化市場所推出的創新服務，意味這 IT 軟體服務發展、更新、改版或引進必須能快速地因應，這使得 IT 部門的開發、部署速度要更加快速，將軟體發展與部署連續化，稱為 DevOps 管理。意味著影響 IT 軟體服務發展的程序改變及 IT 人員的轉型至關重要。

3. 顧客導向開發：當 IT 軟體服務因應創新服務、快速變化市場發展時，IT 人員不僅面對內部企業營運需求，更進一步要發展服務顧客、市場的軟體服務，IT 人員要更熟悉顧客、市場需求及具備創新服務思維等。

數據與分析技術

在第三代或第四代平台上，不論是應用軟體、創新服務、人工智慧都來自於大量數據的累積與分析。然而，大數據的大量、異質、快速等特性不同於傳統企業電子化系統、關聯式資料庫，其蘊含的價值也不同，以下分點說明：

1. 非結構化數據：傳統上，企業運用關聯式資料庫與 SQL 語言進行資料處理。大數據時代則增加非結構化資料儲存與處理，複雜度提高，對於 IT 人員更是挑戰。此外，非結構化數據來源來自於網際網路、社群媒體以及運用感測器、物聯網設備等，更增添數據蒐集的困難。

2. 資料湖泊：傳統上，企業利用關聯式資料庫或少數資料倉儲進行資料儲存。新興數據技術轉變為多樣關聯式資料庫、多樣非結構化資料庫、各類型檔案儲存，並散布在多個分散式檔案系統或分散式資料庫中，甚至在雲端服務上，稱之為「資料湖泊」（Data Lake）。資料儲存複雜性增加了 IT 部門管理的複雜，也引發數據管理安全疑慮。

3. 疊代發展模式：傳統企業在資料倉儲上根據事業單位需求而建立最佳化資料模型以提供報表查詢或 OLAP 線上分析。而新興大數據分析或人工智慧的出現，使企業 IT 部門必須探索資料、理解業務，並不斷地蒐集資料進行分析以發現新商業規則，因為企業數據或人工智慧相關應用系統會更動態地更改。這也意味著數據分析應用系統必須不斷地小型開發、朝向疊代發展的漸進式改變方式。

4. 商業應用導向：由於 IT 人員必須不斷將變動商業需求轉為數據分析或人工智慧應用，將使得 IT 人員不僅僅具備技術能力，更需要具備業務知識、創新能力及溝通能力。這將挑戰 IT 部門管理方式、文化以及招募方向。因此除了 IT 技能外，數據分析應用更需具有商業知識、了解資料及創意思考的 IT 人員。

使用者介面技術

數據分析、人工智慧、VR ／ AR 等科技可以輕易地支持顧客體驗應用發展。但這些技術也改變用戶體驗，並影響使用者介面的設計、實施、導入與管理改變：

1. 認知對話設計：企業導入語音助理、聊天機器人、互動機器人等，會面臨設計與導入對話式介面的新型態介面。企業認知對話介面要滿足與顧客情境下的行為互動，必須具備理解顧客行為、情境互動、用戶經驗的設計能力，才能發展良好的認知對話介面服務，進而提升顧客體驗。

2. 沉浸式體驗介面：AR ／ VR 技術是一種提升顧客使用體驗的新型態科技。企業亦須滿足情境下的顧客互動方式、地點、設備設置校調等才能滿足企業顧客體驗需求。

3. 人機互動介面：人工智慧系統或機器人也會產生新的人機協作的設計方式。企業必須引進相關人機互動介面的設計師、IT 人員進行發展。在實施與導入時，更要留心使用者行為及人機協作的配合。

4. 用戶體驗設計：從設計與應用發展的角度來看，運用新興科技發展顧客體驗系統必須重視用戶體驗設計（UX, User eXperience）。企業不但要引進新的人才，也要重視在應用發展、實施導入時，用戶體驗設計的協助，以發展更能滿足顧客體驗轉型的系統。

雙模 IT 發展

綜合來看，新興技術的導入、數位化過程，需要新的 IT 實施與管理模式。這並不意味著傳統企業電子化、關聯式資料庫系統、人機介面會完全被取代，反而會共同的存在，而形成雙模 IT 管理（Bimodal IT），以協助企業轉型（表 1）。

雙模 IT 包括：公有雲／私有雲、傳統企業營運 E 化穩定系統／創新服務發展、結構化關聯資料庫／非結構數據、傳統介面／新興人機協作介面等，不同模式 IT 的混合發展。這意味著 IT 實施、IT 管理、人員管理面臨更為複雜的挑戰。

表1　企業轉型下的雙模 IT 需求

特性	傳統模式	轉型模式
目標	穩定	敏捷
價值	成本、效率	利潤、顧客體驗
設計	功能導向	用戶體驗
發展	循序、瀑布式	敏捷、疊代式
管理	計畫導向	持續驗證改進
委外	企業長期擁有	委外、服務訂閱
人才	技術知識、實務經驗	商業知識、創意思考
維護	周期性、緩慢	持續性、快速
文化	技術導向、營運為中心	業務導向、顧客為中心

資料來源：MIC

　　在許多轉型成功的企業，已經開始進行雙模 IT 的管理。舉例來說，一家歐洲銀行即建立新的快速開發團隊，以發展新的技術服務，進而協助企業轉型。為了能快速地實施新的技術服務，這家銀行將 IT 服務開發流程從 15 步驟縮減到 5 個步驟，而能不斷地根據顧客需求以修改推出新服務。現在，該銀行的顧客註冊可以透過手機連結，並能不斷地更新介面與功能，滿足顧客體驗。

　　聯想電腦亦發展雙速 IT，面向內部規範流程的供應鏈、財務等業務主要以穩定 IT 發展為主，改版較慢，放置在私有雲環境。面向客戶需求的行銷、服務等業務則放置在公有雲服務上，並運用 DevOps 服務管理方法，快速地修正軟體服務，滿足顧客需求。

2. 制度轉型

　　制度轉型的主要內涵是企業如何建立數位化友善環境／機制以讓組織能持續轉型。但企業組織核心是人，必須要透過良好的組織結構、工作活動與績效考核，及人員技巧與訓練來誘發轉型與持續轉變。以下分為組織結構、工作型態以及人員技能來探討如何在制度上轉型。

組織結構

　　企業數位轉型需要快速發展服務、強化顧客體驗、創造新的商業模式等，傳統的功能部門導向、穩定營運結構的組織結構已經無法適應。為加快企業數位轉型，組織結構必須轉變為敏捷、彈性、強化內外協同合作的方向，才能使組織以快速、專案導向、自我組織的方式組織工作群組，以應用新科技進行企業數位轉型。

　　不同企業需採取不同組織結構的改變與轉型策略。例如：AT&T 在矽谷、達拉斯等地設立創新工廠，以發展行動 APP、軟體創新服務等。這些創新工廠運用更快速的步調、以專案式的推進方式，並運用創新模式來發展新的產品服務。當創新工廠成功後，即扮演教練及創新能量的角色來改變其他部門。Nike 則在全球建立顧客部門協助實體與線上業務活動的數位轉型。這個新部門負責引進電子商務、線上服務、顧客體驗並與其他部門充分合作，發展 Nike+ 服務而獲得數千萬新用戶群。有些公司則已經在全公司實施新的組織架構，例如：Valve 是一家美國軟體公司，沒有設立公司策略、沒有階層組織，完全以專案式導向、共享責任的方式，由下而上地發展新概念、新專案計畫，能夠快速發展新產品服務。簡言之，組織結構轉型方式可分為幾種類型：

　　1. 戰術組織：運用獨立的新創單位，協助企業發展新創產品服務，

如：AT&T 創新工廠的作法。優點是快速，缺點是不容易轉型公司全面業務。或如 ING 集團自 2014 年起進行數位轉型計畫，將企業組織重建為由 300 個小隊（squad），組成 13 個部落（tribe）的部落集合，類似專案小組聚集的敏捷式組織。

2. 轉型部門：運用新的轉型部門，輔導各個事業單位進行新創產品服務，如：Nike 的作法。優點是能夠輔導各事業單位，缺點則是轉型部門需要足夠的權力與資源進行領導。

3. 議題設定：不設新部門而有執行長以新的議題或應用，要求各相關組織協作以完成。優點是不須新設部門，缺點則是要仰賴執行長的權威性或企業本身是否已有創新的基因。

4. 全面落實：將創新基因、組織績效考核、工作文化全面落實到企業中，可以讓各部門自主性地新創發展。如：Valve 公司的作法。這種作法通常小型公司較容易發展或是已經進行數個企業轉型成功案例後逐步發展。

工作型態

除了正式的組織結構外，企業數位轉型需要以新的工作型態與績效考核方式，讓員工能夠釋放創意、快速發展創新服務、協同事業單位與客戶等。以下有幾種常見的新工作型態轉型，協助企業轉型發展：

1. 敏捷式開發團隊：敏捷式開發團隊將工作產出成果縮短到 2 ～ 3 天進行安排與實踐，並以小組織的方式進行，以快速產出新產品服務。SAP 即是發展敏捷式開發團隊的著名案例。

2. 實驗室團隊：以類似實驗室的方式運作，讓員工集中 10 小時工作產出結果，並彈性放假。也允許員工能夠上班中途自由離席，以激發創意或等待實驗結果。例如：慕尼黑保險公司允許運用實驗室創新團隊

方式讓員工可以彈性上下班，並能夠運用 APP 進行工作簽到。

3. 家庭時間：家庭時間允許員工提早下班照顧家庭，並在夜晚再度工作。

4. 遠端工作：遠端工作形式允許員工在家工作或在他處工作而與其他人共同協作完成。

人員技能

要發展創新服務、新商業模式等以協助企業轉型，除了需要組織結構、工作型態轉變外，人員的技能也需要改變，如：商業知識、預測分析、理解資料、人工智慧、物聯網知識等。企業也應重視軟性技巧訓練、人才招募、績效設計等，讓員工能激發創新、發展新商業模式。以下是幾個重要的軟性技巧：

1. 批判性思考：讓員工定義與解決新問題，特別是發展創新服務或從數據中發現新規則等，均需要批判性思考能力。批判性思考包含概念、綜合、資料分析以及判讀資料等。在雇用員工時必須特別注意應徵者的言談及是否具備解決複雜問題能力。

3. 複雜溝通能力：數位轉型需要內外部協調溝通以發展新服務或進行委外合作。在應徵時，可以詢問過往協調與溝通能力。

4. 創造力：具備創造力的人可以針對既有問題產生新的解決方案，也不怕風險、思考以及腦力激盪。在應徵時，可以詢問問題，觀察應徵者回答問題的思考過程與是否具備新視角。

5. 適應力：數位轉型需要員工具備彈性與適應力，以適應多樣創新計畫、持續變動需求等挑戰。可以觀察員工如何適應不同挑戰以及彈性地調整工作方式。

6. 生產力：數位轉型亦需要快速因應變動市場環境，需要員工能夠

有效率地達成目標。

3. 基因轉型

　　基因轉型是更重視長期的組織文化養成，將數位轉型落實成為企業 DNA，讓組織每個職位的人能因應環境變化而協助企業持續轉型。基因轉型讓組織人員能大膽想像未來，透過結合網路與資訊科技改變產業既有運作模式，乃至於提出新的商業模式、數位產品與數位服務。基因轉型相較於技術轉型、組織轉型，更需要長期的文化養成，以落實到每個員工在執行工作時的作法、態度乃至於行為。那麼，哪些是數位轉型的文化呢？

　　1. 顧客導向中心：不論發展顧客體驗、創造新產品服務或設計大數據、人工智慧應用方案，均需要顧客導向中心的心態與文化養成。顧客導向中心文化養成必須透過訓練、實際感受顧客工作場域才能夠逐漸地改變。例如：Amazon 要求主管必須一年有兩天的時間在顧客服務中心工作。

　　2. 數據驅動思維：許多數位轉型科技仰賴從數據中進行分析、發展創新應用與商業模式，數據驅動思維必須能夠融入公司文化中。數據驅動思維的養成可以從各種員工、主管的分析報告中，要求以數據事實作為分析依據，也可以落實在每項行動方案的決策中。例如：Google 在人員任用與績效考核中，要求主管以數據驅動方式列出任用或考核決策而非僅僅是主觀意見。

　　3. 自造者文化：自造者文化不僅是敢於顛覆傳統概念的創新文化，還要能夠將創新概念落實。例如：英國瓦斯公司放手跨國設計師、工程師團隊設計具創意的連網恆溫器。

4. 敏捷與彈性：敏捷與彈性希望員工能夠快速地反映變動的需求。例如：SAP 運用敏捷開發方法快速與彈性地發展新軟體服務。

5. 開放合作文化：鼓勵員工與其他地區員工、市場、夥伴合作，以創造開放式文化。例如：Google 利用軟體服務工具讓員工可以輕易地與不同地區員工協作。

要改變數位轉型文化乃至於基因轉型，也包含由上而下正式命令，以及由下而上非正式的誘導方式，來觸發改變並深植基因。由上而下的作法包含：組織結構、工作設計、績效考核方式、領導方法、計畫執行。由下而上的作法包含：教育訓練、人才招募、協同工具、創意思考工具提供等。以下說明幾個基因轉型案例：

Google：Google 鼓勵合作文化，包括：雇用善於合作的人員、利用工具給予合作、給予合作行為獎勵、建立非科層組織的領導文化。

GE：GE 認為文化轉型不是單向溝通，鼓勵每個員工能持續給予其他個別員工的建議，並改變每年的績效方式。每年兩次讓團隊自我評估是否達到文化轉型。

Netflix：Netflix 文化轉型方法包括招募傑出員工、減少規則（彈性照顧時間、休假彈性）。此外，利用授權員工與交付責任、管理者提供環境與幫忙而不是命令、以合作作為團隊績效評估等，鼓勵合作與創新文化。

最後，根據波士頓諮詢公司研究的 40 個數位轉型案例中，在重視文化的公司中，90% 能夠達成突破性表現；反之，在忽略文化的公司，僅 17% 能達成。以上這數據也顯示出，企業在推動數位轉型這樣重大變革的活動時，若不能夠在文化、基因層次上真的融入其中，最終能夠帶來成功的例子將僅是鳳毛麟角。

09
未來最重要的 11 項數位科技

前文提及數位科技隨時代發展而演進與突破，更重要的是，這些數位科技彼此疊加交會，產生數位創新與轉型的契機。我們認為未來五年最重要的數位技術包含 iABCDEF 等新興數位科技，以下分別說明。

1. 物聯網（IoT）

定義說明

電機電子工程師學會（IEEE）在 2015 年定義 IoT（Internet of Things）為自我設定、自適應且複雜的網路架構設想，藉由標準通訊協定將「物」與網際網路進行連接，使得被連接的「物」在數位世界具備實體或虛擬表徵、感測／驅動功能、可程式化特性以及唯一識別性。「物」的表徵資訊包含識別、狀態、位置或其他商業、社會、隱私等相關資訊。不論「人」是否介入，IoT 技術可以讓「物」藉由唯一識別、資料獲取、通訊和驅動等能力提供服務，尤其攸關智能介面以及須隨時隨地考量安全之應用情境。綜上，IoT 技術涵蓋範疇包含：

(1) 識別技術：讓「物」具備唯一識別性，得以在實體或虛擬的數位世界中得被識別。

(2) **通訊技術**：讓「物」得以連接上內部網路或網際網路，且具備相互操作的通訊能力。

(3) **感測和驅動功能**：以提供「物」的資訊並能改變「物」的狀態。

(4) **嵌入式軟體和演算法**：提供智能使用、自我設定等功能，並具可程式化能力。

驅動因素

隨著資訊科技使用者從網路時代、行動時代進入到雲端時代，透過智慧裝置蒐集資訊以掌握個人生理與環境資料，並透過裝置取得各生活應用領域之個人化服務智慧裝置，將能監測問題、預測問題且能自我學習，是資訊科技深入生活應用的次世代需求所在。

再者，隨著半導體和通訊技術不斷推展，藉由微小化、低功耗、高效率的半導體及資通訊技術建立物件的感知系統，以自主感知、分析與判斷，即時提供適合的資訊或其他服務已非夢想。

因此，在科技需求與技術供給的相互結合之下，讓 IoT 成為耳熟能詳的科技名詞，也讓各國政府、領導企業和重要組織視為未來發展次世代資訊科技應用之基石技術。

應用個案

早期物聯網應用主要由各國政府發起，多應用在環境感測相關領域。而 2014 年後，隨著智慧型裝置深入民眾生活，穿戴裝置與智慧家庭應用逐漸被重視。預估至 2020 年後，隨著技術、應用與服務的成熟，將帶動如智慧城市、智慧交通等契機。

　　歐美日企業亦紛將 IoT 技術導入垂直產業領域，如日商 OKI 將感測器設置於海中，再由感測器偵測聲波輻射並分析所在位置之聲響資料，開發出「水中聲響沿岸監控系統」，能夠偵測出入侵沿岸重要設施的可疑人士；GE 旗下 Current 在 2017 年以路燈為核心展開 AIoT 跨域應用，透過大量布建內嵌感測器的路燈，建構路燈電網（Light Grid），蒐集、堆疊及演算分析不同類型數據，發展出如路燈能源管理、即時停車、即時路況、槍擊犯罪取締、空汙警報等應用情境。

未來趨勢

　　(1) 更切合 IoT 環境的通訊技術：低功耗廣域通訊環境拓展了物聯網運用，因此包含 LoRa、Sigfox 和 NB-IoT 等相關技術皆在各國積極布建可用的商業網路，以提供彈性資費和服務模式。

　　(2) 可商業化的營運模式：一般性物聯網應用已趨成熟，已普遍發展出智慧停車、智慧水表、智慧垃圾桶等生活應用服務，其解決方案之間差異性不大，關鍵是其應用服務須具商業化營運模式。

　　(3) 與其他 IT 應用的融合應用：隨著全球人工智慧（AI）與物聯網技術蓬勃發展，兩者匯流結合為「智慧物聯（AIoT, AI IoT）」創新應用，讓各種聯網裝置與設備具有類人腦的思考與判斷能力，以實現更為智慧化的科技生活；另外，有別於消費市場應用，運用於企業領域亦稱為「工業物聯網（IIoT, Industrial IoT）」，得以「將數十億的機器、先進分析、人員帶入一起工作」，生態系包含應用服務、聯網載具、通訊、平台、應用服務與分析及系統整合服務。

2. 人工智慧（AI）

定義說明

　　根據專家普遍的共識，AI（Artificial Intelligence）人工智慧是創造一個像人類這樣有智慧的機器，同時也能比人類有更強的速度與力量。早期的人工智慧研究聚焦在邏輯推論的方法，以各種運算用於模仿人類推理過程的思考模式。爾後，隨著科技發展、電腦和軟體的進步，美國科學家 John McCarthy 於 1955 年於達特茅斯（Dartmouth）的研討會，提出 AI 的定義：「AI 就是要讓機器的行為看起來就像是人所表現出的智慧行為一樣，使電腦具有與人類學習及解決複雜問題、抽象思考、展現創意等能力，能夠進行推理、規劃、學習、交流、感知和操作物體」。

　　人工智慧的技術涵蓋範疇，隨著人類科技的發展呈現出多次不同的內容。早期的人工智慧研究聚焦在邏輯推論的方法，但其非真則偽的邏輯架構，需要百分之百確定的事實配合，其能力及實務應用有所侷限。之後發展越來越多元化，像是模糊運算、遺傳演算法、機率模型、機器學習（ML，Machine Learning）、以及至目前為止，聚集全球關注焦點的類神經網路（NN，Neural Network）。

　　機器學習是人工智慧技術的主流，而類神經網路是機器學習研究領域中最新的分支。機器學習透過各種統計的方式，把大量資料輸入電腦，然後利用大數據的方式，讓電腦算出分析或執行結果。深度學習（DL，Deep Learning）則是透過嘗試模擬人腦內層功能的類神經網路，以多層次的資訊處理來形成知識，深度神經網路是具備至少一個隱層的

神經網路，為複雜的非線性系統建立模型，在不經過前提特徵設定下，使電腦具備自我學習的能力。

驅動因素

1950 年代，人類就寄望電腦發明帶動人工智慧的發展，但早期以數理邏輯的為主要研究方向，成果有限，在數理邏輯研究方向失敗後，機器學習在 1980 年代到 2006 年間成為研究主流，由大量數據為基礎的統計機率加上電腦計算，成為當時的技術方向。而類神經網路在 1980 年初的時候一度興起，但由於電腦運算力不足，導致效果差強人意。往後 20 多年，網路興起，大量數據資料的累積、半導體技術持續進步，電腦計算能力大增，價格也更加低廉，新的機器學習演算法被發表，深度學習類神經網路再次興起，幾乎全盤取代傳統人工智慧的定義，成為今天的技術主流。

應用個案

2012 年的 AlexNet 開始，類神經網路一舉突破傳統演算法辨識圖片的準確率，逐年進步，直到打破人類辨識率。2014 年 Google 啟動了 AlphaGo 計畫，類神經網路再次展現驚人的能力，於 2016 年打敗人類圍棋棋王李世乭。近幾年深度學習的類神經網路應用逐漸擴展，並從實驗室的技術或原型走向市場，快速商業化。除國際科技巨頭如 Google、Amazon、Facebook、Apple、Microsoft 大量投入人工智慧技術於資料推薦、影像識別、語言翻譯、線上訓練及線上推論，並部署其技術於產品服務，同時也見到大量的新創公司投入，將人工智慧用在數據科學、

物聯網／工業物聯網、醫學診斷及治療、機械手術、新藥開發、尋找新材料、自動駕駛、金融、零售、保全等各類型的生活層面應用之中。

未來趨勢

隨著神經網路深度學習的演算法快速進步，硬體運算能力持續提升。AI 模型訓練，將朝更大的網路發展，將可提供高精準度的推論結果，並且最後成為一個具有不斷修正新數據的終身學習系統，永不停止學習強化每個重複循環中掌握的資訊，不斷學習和適應變化。除此之外，隨著使用裝置的多樣化，各種移動設備、邊緣裝置如手機、智慧穿戴裝置、智慧家庭音箱等，甚至傳統家庭電器，如烤箱、冷氣機等，也將逐步提供人工智慧整合功能。

3. 擴增實境（AR）／虛擬實境（VR）

定義說明

1994 年，Paul Milgra 教授和 Fumio Kishimo 教授創造了「混合實境譜系圖」解釋了 AR（Augmented Reality）與 VR（Virtual Reality）之間的關係，將真實環境和虛擬實境（虛擬環境）分別作為譜系圖的兩端，位於中間的部分被稱為混合實境，其中靠近真實環境的是擴增實境，靠近虛擬環境的則是擴增虛境，而將資訊融合真實與虛擬的即為混合實境（下頁圖 24）。

圖 24 混合實境譜系圖

混合實境 (MR)

真實環境　　擴增實境 (AR)　　擴增虛境 (AV)　　虛擬實境 (VR)

資料來源：MIC製作

驅動因素

（1）**需求導向**：無論是虛擬實境或擴增實境，兩者代表的是一種 3D 技術的延伸，例如過往對於 3D 模型的展演只能透過 2D 的螢幕或投影等技術，但虛擬實境與擴增實境可直接將 3D 模型完整地呈現給使用者，提高 3D 技術整體解決方案的效益。例如，過往工廠透過 2D 的平面藍圖規劃廠房，但 AR 或 VR 可同時一邊規劃一邊審視成品，加快整體運作效率。

（2）**技術導向**：過去，AR 與 VR 受限於晶片運算效能，導致產品龐大且昂貴。如今在智慧手機供應鏈成熟下，無論是晶片、面板、追蹤鏡頭等零組件都不斷微型化與成本下滑。此舉給予新世代 AR 與 VR 產品重新走入消費性市場的契機，甚至出現了以智慧手機為主要運算及顯示的 AR 與 VR 的產品。

應用個案

（1）**企業**

關於 AR 關鍵產品，主要有 Microsoft 的 Hololens 系列、Magic Leap 的 Magic Leap One、Google 的 Google Glass 系列等。

關於 VR，主要有 HTC 的 Vive 系列、Facebook 的 Oculus 系列、Microsoft 的 Windows VR 系列等。

(2) 組織

亞太虛擬現實產業聯盟：位於中國大陸，HTC 領頭，協力推動虛擬實境產業的整體發展，擴大虛擬實境創新的領域和方式，整合並培育更多的優勢資源，從而推動中國大陸乃至全球虛擬實境生態圈的發展。

The Augmented Reality for Enterprise Alliance：位於美國，致力於提高可操作性 AR 企業系統的應用率，發起成員包括波音、博世、華為等企業。目的是提供高質量的 AR 內容和項目，幫助各公司通過使用 AR 相關企業系統來提高公司運作效率。

TheImmersive Technology Alliance：位於美國，前身為原立體 3D 遊戲聯盟，聯盟成員包括 AMD、Technical Illusions、Electronic Arts、愛普生、松下、Starbreeze 和 Crytek 等著名公司。目標是推動 AR 或 VR 的內容生態發展。

未來趨勢

(1) **結合 5G**：速度快、延遲低、吞吐大為 5G 通訊的三大亮點，目前無論是 AR 或 VR 硬體的成本議題仍然高居不下，其中運算晶片效能仍然不足為痛點之一。5G 可將 AR 或 VR 硬體的數據運算傳送給資料中心處理後，再將顯示資訊回傳給終端裝置。此舉除了有效降低 AR 或 VR 硬體的運算負荷外，也能降低耗能進而提高續航力。屆時更為平價的 AR 或 VR 硬體可望打開新的消費性市場。

(2) **輔助駕駛**：由於駕駛必須實時直視前方，既使是儀錶板也將帶來視線轉移的風險。因此，抬頭投影技術需求逐漸提高。由於 AR 技術

能與現實物體互動，帶來更精確的投影訊息，例如隨著距離目標變換資訊的 AR 導航等，成為未來自動駕駛真正上路前一塊具有潛力的垂直場域。

4. 自駕車（AV）

定義說明

自動駕駛（Autonomous Vehicles），又稱無人車（Driverless Car），是能自動感應周圍環境並且無需人為干預而能自動導航的載具，提供多項子系統在事故發生前預先警告駕駛，或主動介入車輛控制。

自動駕駛能力高低的程度，根據美國汽車工程師協會（SAE）2018年最新的定義，其中 Level 0 至 Level 2 屬於低階自動駕駛或輔助駕駛（Advanced Driver Assistance Systems, ADAS），Level 3 至 Level 5 則是能夠藉由自動系統負責監控駕駛環境，被視為高度自動化汽車（Highly Automated Vehicle, HAV）。目前量產的自駕車等級較低，主要仍由駕駛監控環境，自駕系統只能在特定環境下運行。

驅動因素

(1) **需求導向**：在全球城市人口越趨密集、汽車持有量持續成長的趨勢下，行車情況越來越複雜，導致交通安全事故傷亡率居高不下，因此行車安全需求日益受到重視。各國交通安全機構逐步建議採用輔助駕駛系統，或更高級的全自動駕駛，將可減少交通意外事故。

(2) **技術導向**：自駕車技術因為仰賴高階感測器、高精地圖等技術

的成熟與規模化，自駕決策軟體也須通過電腦模擬、封閉場域及上路測試之漫漫長路，目前車廠及分析單位皆評估無人車在近十年量產的目標仍具挑戰。國際管理諮詢公司 BCG 預估 2035 年會有大約 1/4 的車輛具備自駕功能，包含部分輔助駕駛（Partial autonomous）功能與全自駕車（Fully autonomous），在整體汽車市場的佔比分別為 15% 與 9.8%。

應用個案

先進國家無不積極發展自駕車技術。舉例而言，美國訂定 2019 年完成都會輔助行車系統開發，2020 年完成開發 Level 4 自駕系統，2023 年實現共享自駕車模式營運，最終於 2025 年 Level 5 自駕車能完成開發；日本訂定 2019 年進行 Level 2 自駕車的一般道路測試，2020 年實現無人自駕車在特定區域接駁，且 Level 3 自駕車行駛於高速公路，最終於 2025 年實現 Level 4 自駕車上路；中國大陸鎖定 2020 年實現 Level 3 自駕車行駛於高速公路，2022 年完成自駕車多樣警示資訊輔助行車系統開發，最終於 2025 年實現 Level 4 自駕車上路。

傳統品牌汽車大廠（如：Toyota、Honda、Audi、KIA 等）、汽車零組件大廠（如 Continental、Denso）、甚者 ICT 大廠（如英特爾 Mobileye、Google、Apple、Uber）、科技大廠與眾多新創公司（如：Easymile、nuTonomy 等）不僅紛紛投入自駕車技術的發展，亦皆積極進行各類應用情境之場域測試。

未來趨勢

(1) 追求更高效能：以自駕運算電腦為例，特斯拉自駕車專用電腦

使用 14nm 技術製造，並搭載了兩個自主研發的自動駕駛晶片 FSDC，每個晶片配有各自的 CPU（12 核心的 ARM A72）、GPU、DRAM 閃存以及兩個類神經網路加速器（NNP）等，可支援更複雜的運算。

(2) **智慧化重要性提升**：對自駕車輛開發者來說，以 AI 為核心的訓練模擬技術價值正在提升，因為可加快自駕車輛解決方案開發、驗證及性能等方面的速度。

(3) **系統整合範疇擴大**：自駕車的發展是結合傳統汽車機械、通訊、高效能運算、數據分析、影像處理等領域而成，從輔助駕駛升級到自動駕駛，需要整合的軟硬體與服務大為增加，對系統整合商形成巨大挑戰。

5. 區塊鏈（Blockchain）

定義說明

區塊鏈或稱分散式帳本技術（Distributed Ledger Technology, DLT）源起於比特幣的應用，為一串使用密碼學方法所產生的資料塊（block）鏈結而成的分散式資料庫（帳本），每個資料塊都內含前次區塊資訊（ID）及該次交易資訊。

區塊鏈的核心技術除分散式帳本之外，尚包含資料加密、智慧合約、共識演算法等，使得區塊鏈具有去中心化、難以竄改、快速交易清算，以及透明易稽核等特性。

區塊鏈有多種類型，各自具有不同特色與功用，依據開放權限，也可簡單分為許可（私有或聯盟）鏈與非許可（公有）鏈。私有鏈只對單獨的個人或實體開放，僅在私有組織，例如公司內部或聯盟成員使用，

其讀寫權限、參與記帳的權限，都由私有組織進行制定。公有鏈則對所有人公開，用戶不需要註冊和授權，任何人都可以自由加入和退出網絡，並參與記帳和交易。

驅動因素

世界經濟論壇（World Economic Forum, WEF）指出，區塊鏈技術是繼網際網路之後的第四波工業革命的潛力科技之一，對全球金融乃至於社會治理領域產生革命性的影響，預估 2027 年全球 10% 左右的 GDP 將儲存在區塊鏈技術內。經濟學人則將區塊鏈技術比喻為「確保萬物的巨大鎖鏈」、「建立信賴的機器」，可重塑經濟的運作方式，提高運作效率。

英國是第一個發布區塊鏈白皮書的國家，對區塊鏈技術的未來發展與應用進行全面評估；美國消費者金融保護局（CPFB）推出監管沙盤，鼓勵區塊鏈和其他金融技術創新；中國大陸國務院發布十三五國家信息化規劃，將區塊鏈列入重要戰略發展方向，都顯示由於具有上述技術特性，區塊鏈受到全球普遍的重視。

應用個案

區塊鏈的應用分為三階段。初期是採用區塊鏈技術為底層基礎，以比特幣為主的虛擬貨幣應用。

在加入智慧合約機制，為上層應用提供支援後，主要應用領域擴大至其他金融領域應用或與資產有關的註冊、交易活動，諸如股、債、產權的登記及轉讓與執行等，進入金融應用階段。2017 年 ICO（Initial

Coin Offering，意指發行代幣向大眾募資）熱潮興起，高峰期每月約有
50 個 ICO 專案進行，成為新興募資管道，亦衍生出詐欺、洗錢等疑慮。

　　之後在無信任成本、低風險與具快速交易能力的底層基礎下，應用
範圍進一步擴大至社會治理與行業垂直領域，諸如身分認證、公證、仲
裁、投票、物流、醫療、生產履歷或網域使用等。

未來趨勢

　　區塊鏈技術仍在發展中，目前除比特幣等虛擬貨幣應用外，大部分
為小規模試驗應用。未來邁向商用化最大的問題就是交易規模與效能的
瓶頸，以及各標準仍未底定等，為未來技術發展重點。此外，隨著各行
業區塊鏈應用落地的擴展，亦須面對跨鏈問題，以及國際資金移動、反
洗錢等監管議題、隱私與監管需求之平衡發展等議題，這些都是值得關
注的發展趨勢。

6. 雲端運算（Cloud Computing）

定義說明

　　雲端運算與傳統運算方式不同之處，即在雲端利用網路連結遠端伺
服器，進行資料儲存、運算。雲端運算不受限於個人電腦或企業內部配
置伺服器的能力，運算規模可依使用者需求變化，「具有彈性」為雲端
運算主要的特色。而根據美國國家技術標準局（NIST）的定義，雲端
運算具有五大特徵：（1）隨需選用（On-demand Self-service）：用戶
可以自行配置運算量。（2）依量計價（Measured Service）：可計量服

務量並依照用量計費。（3）快速彈性（Rapid Elasticity）：資源可以被快速且彈性地配置。（4）透過網路存取（Broad Network Access）：服務可以透過網路及標準程序取得。（5）資源池共享（Resource Pooling）：資源可以動態調配給不同使用者。

　　為了達成上述雲端運算的目的，近年來隨著技術發展，雲端運算技術從虛擬機器（Virtual Machine, VM）、容器（Container），漸漸發展至無伺服器運算（Serverless），邁向精簡、快速的雲端服務。

驅動因素

　　雲端運算的發展，主要受到兩個層面的驅動，首先在需求導向（Demand Driven）來看，大略可以分為兩個方面，即對運算速度與精準收費的需求。在運算速度上，相較傳統的雲端運算需要透過整個虛擬機器的耗時，新技術的無伺服器運算可達到毫秒內啟動的速度。對近年來雲端遭人詬病的延遲率（Latency）的問題，算是一個新的解法。而在計費方式上，企業主不斷企求更合理的收費，而隨著技術發展，如無伺服器運算只有在函式執行時收費，更精準的付費方式讓企業主更願意將服務拉上雲端。

　　而從技術導向（Technology Driven）觀點來看，自從虛擬化技術的出現後，雲端運算技術發展快速。從最初的虛擬機器、容器技術的出現，雲端運算不斷邁向功能精簡、提升運算速度的方向前進。而在 Kubernetes 自動部署、擴展、運行容器的編程技術出現後，區隔應用程式、自動調配資源的運作方式已成為可實現的趨勢。而緊接著區隔應用程式的技術，強調區隔應用程式函式的無伺服器運算便相應而生，逐漸應用在企業裡。

應用個案

在企業應用層面，在各產業皆可見其應用的場景。如醫療保健行業需要藉雲端彙整數據，並藉分析得出結論，從而改善診斷與治療的方法。如西門子醫療保健公司，便應用雲端儲存匿名數據，藉由分析得到數據洞察，進而協助醫療保健商應商與保險公司。

而影像、通訊企業也採用雲端運算技術以增強企業表現。如通訊公司 Direct One 利用無伺服器運算的函式功能，成功降低客戶交易成本至 25%；而影像公司 FUJIFILM 也藉函式功能提升產品開發效率 40%，成為企業提升績效的得力助手。

未來趨勢

從上述驅動因素、應用個案來看，可以發現雲端運算的技術發展，從虛擬機器、容器到無伺服器運算，都朝向雲端運算無縫（Seamless）、按使用量收費（Measured Service）的目標前進。根據思科（Cisco）的全球雲端數據，2016 年到 2021 年間，全球數據中心流量的複合成長率（CAGR）呈 27%，成長飛速，意即未來雲端運算應用場景將會越來越普遍，成為企業邁向數位化的主流趨勢。

7. 資訊安全（CyberSecurity）

定義說明

建置適當的資訊安全管理系統，以保障資訊資產的安全。所謂資訊

安全的組成包含三要素：

機密性：適當保護資訊資產，讓資訊資產均為合法使用。

完整性：維持資訊資產內容的正確與完整。

可用性：確保資訊資產能持續提供使用。

資訊安全有許多專門的研究領域，包括：資安的網路和公共基礎設施、資安應用軟體和資料庫、資安測試、資訊系統評估、企業資安規劃等。

驅動因素

資安攻擊及手法日益翻新，變得難以防範，企業為了防範商業機密遭到竊取或使用，無不投入大量資源來強化資安防禦，且雲端、物聯網及人工智慧的興起，所有的智慧連網裝置都有可能遭受攻擊，攻擊者利用機器學習的自動化滲透測試工具，只要短時間內便能找出企業防衛中的資安漏洞。且於2018年正式實行的歐盟一般資料保護規範（GDPR），也圍繞在保護個人資料安全與使用權利控管上，由此可見，全球不論是技術面或是法規政策面，對資安發展都有高度重視。

應用個案

(1) 國家政策法規規範：現因數位科技發展帶來的資安風險備受各界關注，不少國家紛紛提出新的資安戰略，如：美國NIST提出的「網路安全框架」（Cybersecurity Framework, CSF）、歐盟預計2019年通過的《數位安全法》（Cybersecurity Act）、日本《通信事業法》修正等。

而台灣部分，為帶動資安產業發展，並落實「資安即國安」之政策

目標，政府將資安產業納為「5＋2產業創新計畫」之一環，並透過「國家資通安全發展方案」全力推動。《資通安全管理法》已於 2018 年 5 月 11 日經立法院三讀通過，並在科技發展計畫及前瞻基礎建設計畫中，政府挹注 4 年 110 億元投入資安相關工作。

(2) **企業解決方案**：IBM 推出 IBM Security 資安解決方案，提供企業認知、雲端、協同合作三個主要功能。首先認知系統可以結合人工智慧理解、推理、學習分析並快速找出資安威脅，再來當大量運算與資料在雲端之間傳輸時，雲端資安可以幫助企業規劃、部署及管理雲端的安全事項，最後透過由 X-Force 與全球超過 14,000 以上用戶持續累積的威脅情報，加上資安應用市場的反饋，讓分析人員可即時協同合作。同時也推出 Watson IOT，使用 IoT 和工廠廠房資料來預測與預防設備故障，解決物聯網資安問題。

又如思科推出資安防護傘，主要功能為透過雲端提供企業資安情報，全面掌握所有狀況，及早找出攻擊者，降低惡意軟體感染數量，並預防資安威脅發生。再來資安防護傘有絕佳的相容性，能與企業現有的資安架構、設備做整合，輕鬆完成企業部署。

未來趨勢

由於全球險峻的資安環境、此起彼落的資安威脅，近來企業運用雲端、人工智慧及物聯網來因應這些資安挑戰，例如：利用人工智慧偵測惡意病毒入侵、用雲端來協助彈性的存取規劃及部署，都是資安重要的課題。

前段應用個案提及各大經濟領導國紛紛制定相關法令規範來應對資安風險，還有如 IBM、思科等國際大廠也都運用雲端、人工智慧及物聯

網等技術來強化資安防禦，因此推動資安產業是重要且勢在必行的工作。

8. 資料科技（Data Tech）

定義說明

　　資料科技，指的是將蒐集到的各種原始資料（Raw Data），透過電腦進行規模化並細分至資料儲存、篩選、轉換、彙整，從資料（Data）轉成有用的資訊（Information），並經由資料分析與視覺化呈現，成為具有應用價值的情報（Intelligence）。資料科技主要可涵蓋四個主要領域，分別是資料儲存（Data Storage）、資料探勘、（Data Mining）、資料分析（Data Analytics）與資料管理（Data Management）。

驅動因素

　　伴隨智慧型裝置的普及，大眾廣泛使用社群媒體、數位內容、遊戲或日常生活等行動應用服務，也藉此留下大規模的數位足跡，讓全球資料數量倍速增加。因此，資料科技不僅止於資料前段處理，亦涵蓋後段資料分析的應用價值。資料科技廣泛地運用在商業智慧（Business intelligence, BI），利用資料探勘、資料分析、資料視覺化，將資料轉換成有價值的商業資訊，提供企業做市場預測、情勢評估、商業決策等，將資料轉化成為商機。

　　無論從個人消費或是企業經營，可預見的是，在越講究行動化的世代，大眾不再以電腦作為主要的連網裝置時，其所留下的數位足跡將比

過往多元且具規模。根據預估，全球的資料量將從 2013 年的 4.4 ZB（Zettabyte，ZB），至 2020 年翻倍成長為 40ZB。資料型態從過去傳統資料庫的結構化資料，走向大量的非結構化資料。資料的分析方式也從延遲分析樣本資料，到即時、快速地分析各種來源的全面資料。在資料科技的發展中，透過大量資料的累積探索，加上儲存成本降低、雲端運算環境成熟，讓人工智慧（AI）在上述條件與環境成熟得以實現。

應用個案

隨著全球物聯網（IoT）結合 AI 形成的「人工智慧物聯網」（AIoT）的新趨勢，的確可透過物聯網蒐集大量的資料，透過雲端運算，可讓大量資料能夠迅速地被處理與分析，並從中洞見趨勢、預測未來。未來資料科技與人工智慧、雲端運算三者之間的發展密不可分，因此企業在三者之間的投資布局與資源整合將成為未來全球市場競爭的一大關鍵。

近年來許多科技大廠著手整合資料科技，善用雲端運算資源並強化 AI。譬如，美國科技大廠 Google，2019 年投入 26 億美元，收購以資料分析軟體聞名的新創企業 Looker，將 Google 的人工智慧技術結合 Looker 商業資料分析，以增強 Google 的雲端平台服務（PaaS）。全球雲端運算領導業者 IBM，在近五年大量收購多間資料分析公司，如：Merge Healthcare、The Weather Company 等，藉此布局不同垂直應用領域，以加強各專業領域資料運算與分析能力。

未來趨勢

資料已是現代生活不可或缺的重要資源，資料科技帶來許多技術創

新與商業機遇。從資料科技的四個領域可觀察未來發展的趨勢：資料儲存在未來可透過伺服器中儲存媒介的精進，如：混合記憶體 NVDIMM（Non-Volatile Dual In-line Memory Module, NVDIMM），以降低儲存架構的成本與複雜性；在資料探勘與資料分析上，透過機器學習來強化資料準備、資料分析、商業流程管理與流程探勘；而資料管理可利用人工智慧來劃分資料管理類別，輔以自動化處理即可提升人類資料處理效率。不難想見，資料科技未來與 AI 的開發與應用將會更緊密地結合，發揮無遠弗屆的影響力。

9. 無人機（Drone）

定義說明

美國聯邦飛行局（FAA）定義無人機又稱無人飛行載具（Unmanned Aerial Vehicle, UAV），主要為不需要駕駛員登機駕駛的飛行器，而是透過無線通訊系統從遠端操控，或完全自主飛行。

調研機構富士總研指出，無人機可分為飛機型的固定翼飛行器和直升機型的旋翼飛行器。其中，商業應用常見的旋翼飛行器，以旋翼數量可進一步分為單旋翼和多旋翼飛行器（包括雙旋翼）。單旋翼飛行器的零組件數量較少、重量較輕，但缺點是尾端的與力矩抗衡的旋翼容易產生破損而引起事故，難以維持速度；而多旋翼飛行器雖然重量較重，但特色是全速域皆可維持穩定。而大部分的無人機，為實現飛行自動控制，會採用穩定性較高的多旋翼。

驅動因素

(1) 需求導向： 各種嶄新之無人機公共服務應用（如環境監控、消防救災、違規取締、緊急物資運送、資訊指引、基礎建設巡檢與警政巡檢等）正在全球展開，所帶來之效益與轉型契機更是無遠弗屆，無人機應用將可提升民眾生活品質，並提供人民安心、便利健康的優質社會及環境。

(2) 技術導向： 影像解析與數據分析技術演進，目前無人機不再僅限於軍用，搭載專業攝影機及軟體後，也擴散至民間，廣泛應用於商業及消費領域，其中商用無人機目前最常被使用於農業、安防、電力、物流等。例如在物流領域，由於無人機具備快速的移動能力，且不受路面交通環境的制約，成本低廉，依據 Business Insider 報導指出，Amazon 若使用無人機進行貨物遞送服務，每件商品的遞送成本可能低至 1 美元，其應用價值備受期待。

應用個案

無人機在全球各區域的規定不同，市場以相關規定較不嚴格的中國大陸，以及積極測試無人機的北美、歐洲為主，但仍受限於視距外飛行的法規限制。另外，還有部分非洲開發程度較低的國家，因幅員廣闊且基礎建設落後，陸續引入業者進行如以人道救援為目的的無人機運輸服務（如血液與藥品的運輸）。

國際大廠方面，以 Intel 為例，其開發專為娛樂表演的無人機，使用自行開發的晶片技術與軟體整合技術，納入避免發生碰撞的機制，設計安全防護功能，並透過軟塑膠製成的螺旋槳保護罩，讓掉落時的衝擊

力道減到最小。另外，Uber 和 Airbus 等也針對飛行計程車和旅客運輸用無人機應用，進行相關研發及架構設計。

　　新創公司如 Agri Drone 由日本的佐賀大學聯同 OPTiM 公司共同研發，在無人機下方加上鏡頭和感應器，這些感應器專門偵測害蟲在哪裡出沒，如果發現的話，就會飛到害蟲出沒位置，從機尾噴灑農藥，把害蟲消滅，目前已成功分辨超過 50 種害蟲，保護當地的農作物免受害蟲侵襲。

未來趨勢

　　因無人機機體限制，將致力解決有限空間內處理避障運算、電池續航能力等議題。未來無人機發展方向，除開發如多光譜相機、氣體感測器等高階感測設備硬體升級，還有高階運算的智慧化影像分析軟體與平台研發。

　　無人機應用範疇將大躍進，智慧化應用勢必與領域知識深度結合，針對垂直領域知識不足的市場障礙，未來將需積極連結領域知識先期研發合作，冀望能開發更高附加價值的無人機解決方案。

10. 邊際運算（Edge Computing）

定義說明

　　邊緣運算是繼雲端運算之後，另一個在全球資通訊產業出現的關鍵詞。綜觀 IEEE、IBM 等重要機構與企業的定義，邊緣運算可被視為是一種「運算單元」從雲端移往「終端」或「近終端」的運算型態，協助

在靠近設備的地方，就近處理各種設備所產生的資訊與數據，同時它也藉由分散式的連結，整合水平的運算資源池（Resource Pool），形成一個可相對獨立、自主運作的網絡，來實現低延遲率、資料安全性與服務不間斷的運算服務。

驅動因素

邊緣運算的出現，主要受到兩個層面的驅動，首先在技術導向的觀點來看，終端運算、儲存能力的逐漸強化，會是主要的技術推動力之一，尤其隨著 AI 晶片的出現，終端的智慧化實現逐漸成為可能。不過，縱然技術推動力是存在的，但邊緣運算的出現更多是因為需求端的課題。

在需求導向的觀點來看，大略可以分為兩個部分，第一，隨著設備產生的數據量不斷增加，將出現數據壅塞現象，雲端運算雖然可藉由批次、排程來分散流量，但仍然會產生延遲率（Latency）、無法即時回應問題；第二，雲端運算的服務情境，企業所產生的數據是由被遠端的雲端伺服器、資料中心所儲存與運算，然而，一般企業仍然對於「資料委外」的模式會有疑慮，以至於在數據資產、數據信任概念的驅動之下，相對鄰近於「現場」（Field）的邊緣運算，則成為相對較佳的選項。

應用個案

歐盟、美國、日本有關於車聯網、智慧製造等國家型計畫中，都可以發現到邊緣運算的身影，顯見全球國家積極布局，並且將其視為未來關鍵的資訊基礎建設。

企業的投入更是非常積極，除了網通設備提供商如 Cisco、HPE、

Advantech 之外，電信服務提供商如 Nokia，甚至是雲端服務提供商如 AWS、Microsoft、Google 亦提出非常多樣化的產品服務，從目前的企業發展走向來看，邊緣運算將日益在不同的應用情境或得到更多應用，也可能改變傳統伺服器、閘道器等資訊設備的設計思維，推動下一波產業技術的典範轉移。

值得一提的是，全球目前有兩個邊緣運算的陣營，一方是由 IEEE、Cisco、Dell、Intel、Microsoft 等美系廠商所主導的開放霧聯盟（OpenFog Consortium），該聯盟於 2018 年底已和工業物聯網聯盟（Industrial Internet Consortium, IIC）一起預計將針對智慧製造、智慧工廠提出相對應的邊緣運算架構與標準。另一方則是由歐洲電信標準協會（European Telecommunications Sdandards Institute, ETSI）的歐系廠商所推動的「行動邊緣運算」（Mobile Edge Computing）及「多重接取邊緣運算」（Multi-access Edge Computing, MEC）技術，相對於開放霧聯盟，歐洲電信標準協會更為關注在電信等服務場域。藉由美系、歐系布局路徑來看，邊緣運算預計將優先於智慧製造、電信場域中落實，而不同聯盟與陣營，亦將有更多策略性的產業合作。

未來趨勢

從上述驅動因素、應用個案來看，可以發現邊緣運算出現的背景，與物聯網裝置、數據大量出現的「巨量物聯網」有關，是一種相對應出現的一種彈性化運算選項，預期會優先出現在具有網路延遲容忍度低、高頻寬傳輸、高資料安全需求的場域中落地。然而，邊緣運算並不會完全取代雲端運算的功能，而是去補足雲端運算的不足之處，並且在「雲」、「物」之間產生更多的分層。

除此之外，邊緣運算也將與 AI、區塊鏈產生更多的融合，讓運算的服務更為彈性（Flexible）、智慧（Intelligence）與融合（Hybrid）。

11. 第五代行動通訊技術（5G）

定義說明

2015 年 9 月，國際電信聯盟（ITU）發布「IMT 願景：5G 架構和總體目標」，定義增強型行動寬頻（eMBB）、大規模機器型通訊（mMTC）、超可靠度和低延遲通訊（uRLLC）三大應用場景。2016 年初開始逐步定義 5G（5th Generation Wireless Systems）技術性能要求，效能目標是高資料速率、減少延遲、節省能源、降低成本、提高系統容量和大規模裝置連接等。

第三代合作夥伴計劃（3GPP）於 2015 年 9 月啟動 5G 標準化前期研究，2017 年開始徵集 5G 國際標準。2018 年發布第一階段 5G 標準 Release 15；2019 年底發布第二階段標準 Release 16。

5G 關鍵技術包含先進通道編碼設計、更進步的 OFDM、更靈活的框架設計（包含可擴展時間間隔、自包含集成子幀）、先進新型無線技術（如大規模 MIMO、毫米波技術、頻譜共用、波束成形），及網路切片、邊緣運算等。

驅動因素

(1) 需求導向：5G 不純然是速度的躍進而已，它是針對未來所設計的網路。為了解決 4G 無法解決的問題，並基於 eMBB、uRLLC 與

mMTC 三大應用場景所提出的開放技術，讓垂直產業業者藉由 5G 技術在商業應用上能更靈活地進行數位轉型。

(2) **技術導向**：全球大廠早期投入超密集組網、毫米波頻譜、大規模天線、虛擬化網路架構、新型態空中介面、網路功能虛擬化與軟體定義網路等研究，於 2019 年邁入商用元年，預期 2021 ～ 2023 年隨著 5G 技術更為成熟，將是 5G 商用部署迅速崛起的時期。

應用個案

先進國家針對 5G 發展不遺餘力，並相繼推出相關政策。例如，歐盟 2016 年發布「歐盟 5G 行動計畫」、2018 年美國 FCC 推出「5G Fast Plan」、日本總務省發布「5G 政策重點措施」，以及南韓 2019 年提出的「5G+ 策略」等。

早在 2014 年先進國家產官學界即投入 5G 研究，例如日本電波產業協會於 2014 年 10 月發布探討 5G 通訊對社經重要性之《面向 2020 年及未來的移動通信系統》；中國大陸的 IMT–2020（5G）推進組 2015 年提出「5G 願景與需求白皮書」。

5G 將逐步滲透至各垂直應用領域，為加速發展並確認技術可行性，通訊大廠、營運商與垂直應用業者合作進行 5G+ 垂直應用之開發與驗證。如中國大陸的中國移動成立「5G 聯合創新中心」，聯合垂直應用產業一同建構 5G 創新融合生態體系；2018 年 NTT DoCoMo 開啟「DoCoMo 5G 開放放合作夥伴計畫」，與日本各垂直應用領域產學研界展開合作。

未來趨勢

　　5G 系統由於具備高傳送速率、高系統效能、低傳送延遲與支援巨量連線裝置的特性，從市場競爭而言，5G 單一標準可更加快商業化。並且透過與物聯網、人工智慧、虛擬與擴增實境、與雲端應用相結合，將開創針對垂直領域的新型態應用，創造新價值，甚至解決各類社會經濟問題，成為未來數位轉型的重要關鍵。

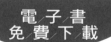

數位轉型個案分析

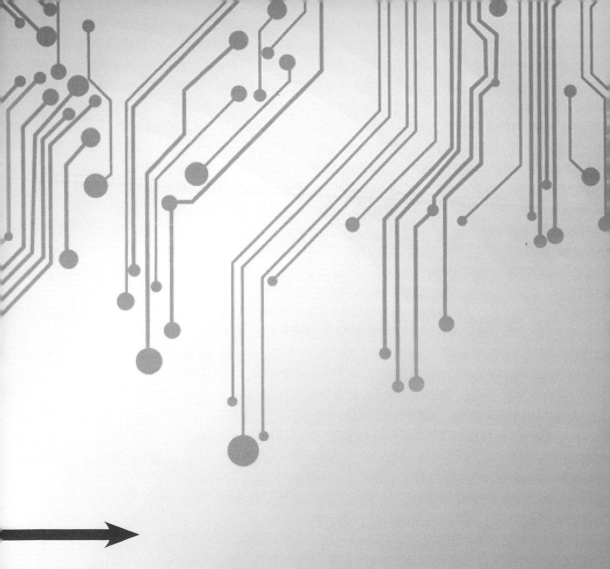

10
「營運卓越」轉型案例

1. 摩根大通（JPMorgan Chase）

公司簡介

JPMorgan 是由美國著名銀行家 John Morgan 創建，其歷史可以追溯到 1871 年創建的「Drexel, Morgan & Co.」。之後經歷一系列併購發展壯大，並於 2000 年由 The Chase Manhattan Bank 及 J.P. Morgan 合併成如今的 JPMorgan Chase。

2019 年 JPMorgan Chase 在《財富》500 強企業中排名 18，2018 年營收 1,314 億 1,200 萬美元，淨利 324 億 7,400 萬美元，總資產 2 兆 6,225 億美元。無論從總收入、淨利還是資產各方面，JPMorgan Chase 皆是規模最大，利潤最高的美國銀行。其業務據點遍及 60 多個國家，主要業務包含投資銀行、零售金融服務、信用卡、商業銀行、現金管理和證券服務及資產管理。

轉型動機

過去金融業採用新興技術的速度都相當慢，並被視為高風險趨避族

群。然而，在發展出快速處理分析大數據的人工智慧演算法之下，運用機器學習、大數據及 AI 的金融創新相繼出現，促使金融業開始正視導入人工智慧和自動化，以優化作業流程，及改善主管和員工工作內容的效益。初期目標放在重複性高的作業透過自動化，讓員工將寶貴的時間移轉至高附加價值的工作上。

　　JPMorgan Chase 以如何減輕審計、合規和交易處理等繁瑣任務的負擔為轉型思考重點。旗下一些員工如承辦律師和貸款專責行員，每年花費大量時間處理一系列相當繁瑣且重複性的任務，例如解釋商業貸款協議。JPMorgan Chase 一年有多達 1 萬 2,000 份商業信貸協議的人工審核通常就需花費大約 36 萬小時，不僅耗時，還有可能因為人為疏失造成錯誤。

轉型方向

　　透過 AI、機器學習、自然語言處理及機器人等新興數位科技，JPMorgan Chase 得以提高數據分析的能力，解決複雜性問題、提升效率並優化工作的流程，也因此 JPMorgan Chase 致力朝此方向發展。

　　JPMorgan 運用了 AI、機器學習等技術，開發出合約分析智慧軟體 COIN，用於協助承辦律師和貸款專責行員分析法律文件，粹取重要數據和條款，並協助行員進行自動化歸檔等日常作業。COIN 以機器學習的無監督學習方式，採用圖像辨識技術來辨識合約中的文字，再由銀行內部的私有雲資源提供支援。

　　由於 COIN 具有辨識與分類能力，消化內部眾多合約中的數據後，可依條款的屬性，就現有 150 種合約分類進行歸類。例如它可能會注意到合約中的條款措辭或位置的特定模式。

　　該技術不僅能在幾秒鐘內審查完相同數量的合約，更能在商業貸款服務上明顯減少人為錯誤。JPMorgan Chase 規劃進一步在其他較複雜的法律文件上應用 COIN，如託管協議（custody agreement）、信用違約交換（Credit Default Swap），並考量用於解釋條款與企業溝通等面向。

轉型啟發

　　JPMorgan Chase 在推動美國金融創新扮演了重要角色。在改善營運效率上，透過合約分析智慧軟體 COIN 降低了日常作業流程的工作負荷，讓員工可以從事高附加價值的任務。而 JPMorgan Chase 也在報告中表示，投注在自動化流程的研發支出已經開始展現強勁的回報，顯現了 AI 技術商業化的可行性與必要性。

　　此案例提供台灣銀行業者在導入 AI 時不同的思維方式，除了將 AI 應用於產品或服務面之外，還可應用於日常作業流程的優化，達到降低人力成本及人為失誤率的效益，尤其在重複性高、工作負荷大的業務作業流程環節，可優先著手改善。

2. 綜合警備保障（ALSOK）

公司簡介

　　ALSOK 成立於 1965 年，是日本前三大的保全公司，與 SECOM、CSP 名列三大東京證券交易所上市的保全公司。ALSOK 企業品牌原為 SOK，2003 年 7 月正式改為 ASLOK，代表「Always Security OK」之

意，強調 24 小時不鬆懈的守護。

ASLOK 業務涵蓋法人的各式安保服務，如營業場所、醫療院所、校園、神社到戶外活動；還包括綜合管理，像是物業管理；網路訊息監控、電子郵件攻擊演練等的資訊安全業務，以及家庭與個人的安保。另一方面，ALSOK 還與公部門合作，受託負責監獄的警備任務。

轉型動機

2006 年即進入超高齡社會的日本，在民眾平均壽命持續增長之下，高齡族群占整體人口比重、獨居的比重也屢創新高；加上日本跟蹤騷擾事件十分猖獗，在件數不斷攀升的趨勢下，帶動不少新的安全需求，亦提升保全公司的業務量與範疇。據警方統計，2013 年跟蹤騷擾案件就突破 2 萬件，2018 年更達約 2.3 萬件，創下新高，且超過八成受害者為女性。

反觀，日本 1997 年就進入少子化社會，且出生人口不斷下滑，2016 年出生人口更跌破百萬，在 2007 年人口死亡率首次超過出生人數達到「死亡交叉」。勞動力減少的情況對於勞力密集的保全業來說，招聘年輕員工的難度與人力成本也與日俱增，更可能造成長時間工作等過勞問題。

轉型方向

ALSOK 近年持續進行安保運作模式的改革，運用感測器、物聯網等技術，建置數位化監控系統，以提升工作執行效率，降低保全人員工作負荷與人力成本問題。

　　透過客戶端感測器，搭配全國警備點的設置，當客戶感測器偵測到異常時，保全人員再就近從據點趕去現場，以減少人力駐點。此模式讓一個警備點服務的對象從單一客戶轉變為多客戶，進而攤提據點的固定成本與活化人力運用。截至 2019 年上半年為止，ALSOK 已於全國設置約 2,400 個警備點。

　　為進一步降低保全的勤務負擔，ALSOK 除了致力於降低感測器的錯誤率外，也不斷擴展與完善其「圖像訊息中心」功能，以更好的整合監控、分析客戶的安全，以達減少保全不必要出勤的目的。

　　此外，ALSOK 於 2015 年推出「まもるっく（Mamorukku）」，其具備 GPS 等多功能行動安全裝置，主要用戶為長者、兒童與婦女。Mamorukku 會根據內建感測器判斷持有者是否出現生活節奏異常之狀況（如長者跌倒），進而傳送到 ALSOK 監控中心評估其安全性，進行即時的應對，強化企業提供服務的效率。

　　2019 年 ALSOK 推出新一代自走式安全機器人「REBORG-Z」，可於特定路線自主行動監測，運用 AI 技術，機器人具備辨識可疑人物和聲響、危險氣體偵測與滅火功能等。透過 REBORG-Z 能減少人力駐點，並且能透過即時訊息傳送，提升保全人員的回應速度，提升整體安全度並減少勞動力支出。

轉型啟發

　　在數位改革下，ALSOK 已逐漸實現更有效率的勞動力運用，2018 年 3 月的 ALSOK 資料指出人均利潤率相對 5 年前的增幅超過 6 成。

　　台灣同樣面臨高齡少子問題、社會事件增加的趨勢，加上勞保局 2011 年至 2015 年數據指出保全業為過勞行業榜首，顯示台灣保全業在

勞動力與工作負荷問題上將日益嚴重。在環境與問題相似下，日本
ALSOK 或 Secom 等發展較先進保全業者的作法，應可提供參考。

　　台灣約有 800 家保全業者競爭激烈，近來已有不少台灣業者轉型為
保全科技業。在降低人員工作負荷上，可以透過感測器設置、導入智慧
機器人等，減少保全人員的單點派駐與出勤次數。未來可進一步考慮與
科技資訊業者合作研發智慧化產品，藉由這些業者的技術強化產品效能
或發展獨特的創新服務，提供更全面的支援保全業務。

3. 優比速（UPS）

公司簡介

　　1907 年成立的 UPS（United Parcel Service），是世界最大的包裹
運輸公司，總部設於美國喬治亞州亞特蘭大，多年來已發展出一個龐
大、可靠的全球物流運輸基礎設施，近來除了物流運輸服務，還將供應
鏈擴至倉儲管理、電商等，提供全面的服務組合。

　　UPS 業務遍及全球 220 個國家，平均每日遞送 2,070 萬件包裹，而
在感恩節、聖誕節等旺季尖峰期間，其中 90% 的日子更突破每天 3,000
萬件。根據財報數據顯示，2018 年 UPS 總營收達 718 億美元，全年的
運送量高達 52 億件。

轉型動機

　　UPS 是數位化的早期投入者，早在 1990 年初，就已經為物流人員
配置第一個手持電子設備（Delivery Information Acquisition Device,

DIAD），進行貨物交付、確認資料紀錄並回傳至 UPS 網路；1994 年推出「UPS.com」網站，允許客戶查詢 UPS 的營運與物流資訊。

隨著全球經濟連結與電子商務的持續成長，UPS 預期美國包裹運輸市場在 2017 至 2022 年可望成長 40%。另外，UPS 研究發現，全球有 70% 的網路購物者使用行動裝置優先進行價格比較與下單，期待在當日或次日收貨，尤以亞洲、中南美洲為甚。

因此，在消費者對於送貨需求、時效的增加與業務量擴大的情況下，UPS 思考如何縮短運輸網路的空間距離、減少時間浪費，並降低燃料消耗，在將商品順利轉交至客戶手中的同時，也能優化流程、節省成本。

轉型方向

UPS 深知 IT 對物流運輸業的重要性，積極投入新技術相關研發與導入，以期簡化複雜的供應鏈問題。2003 年啟動道路優化與導航整合計畫（On-Road Integrated Optimization and Navigation, ORION），2008 年開始在貨車上裝設感測器，2013 年正式實行，透過 ORION 系統抓取歷史資料與更新即時數據，規劃運送貨物的最佳路線。ORION 系統每年節省 1,000 萬加侖燃料，相當於節省 5,000 萬美元，最小化物流業關鍵的運輸成本，並且帶動 UPS 的運送效率。

2018 年是 UPS 創新技術部署的代表年，結合 ORION 技術與相關數據，研發完成 UPSNav 導航系統，並整合於物流人員的 DIAD 設備，安裝於儀表上，顯示即時路線地圖。從卸貨物流場域到顧客交貨地點，UPSNav 資料庫提供物流人員詳細的交通指示與客戶喜好的精確停靠點，有助於郊區送貨和不熟悉新路線的司機。透過 UPSNav 導航系統，

能有效減少來回停車查找次數，全年節省空轉時間 2.06 億分鐘，並減少 1,450 萬美元的人工成本，實現了物流價值鏈的流程視覺化和智慧化管理。

　　此外，UPS 透過人工智慧和創新技術研發，在 2018 年研發網路規劃工具（Network Planning Tools, NPT），能幫助員工或機器人更有效率地分揀和決策配送。例如，協調牽引車和拖車的運行；在塞車或極端天氣等突發狀況時，及時規劃替代方案或切換運輸工具，透過 NPT 分析每個變數和選項，最大限度減少意外成本和延誤；還可以讓物流人員在每次停車時，將同區域的包裹一次性配送，減少分批配送的時間和成本。

轉型啟發

　　UPS 透過新技術研發與應用，逐步完成物流價值鏈管理網絡的建構，整合倉儲、設備自動化與物流 SOP 化，有效達成數位轉型目標。而從 UPS 的 ORION 流程改善項目來看，從測試、佈署到正式上線與持續擴充功能，花費十幾年的時間，投入資源更不在話下，可見數位轉型無法一蹴可及，需有長遠規劃，並隨著技術演進與環境變化持續精進。

　　台灣電子商務發達，民眾習於網路購物，尤其在都會地區，各業者強推短時間到貨或滿額免運費的促銷方案，因此物流業者角色相當吃重。在降低物流配送成本與提升作業效率上，人工智慧、物聯網等新科技的導入是重要的一環。參考 UPS 的數位轉型，台灣業者可優先提升設備的現代化比例，再借鏡 UPS 以大數據累積的方式，規劃台灣最佳配送路線，並運用人工智慧的運算優化分揀和配送決策，提升作業效率。

4. 快桅（APM-Maersk）

公司簡介

　　1904 年成立的快桅（又譯馬士基）集團作為航運與能源（包含開採及運輸）公司，是世界最大的貨櫃船運經營者與服務供應商，業務範疇並擴及碼頭營運等，總部位於丹麥哥本哈根。除自身的 Maersk Line，多年來陸續併購德國 Hamburg Süd（旗下又包含巴西 Aliança、智利 CNNI 等）、南非 Safmarine 及美國 Sealand Asia、Americas and Europe & Med 等航運公司。

　　快桅每年透過旗下 630 艘船隻，在國際各主要水域運送 1,200 萬個貨櫃，占全球貨櫃船隊 18%。根據法國海事諮詢機構 Alphaliner 的研究，其運力排名長期穩居世界第一位。

轉型動機

　　在海運專業媒體 Maritime Logistics Professional 於 2018 年的報導中，麥肯錫研究指出，全球航運業發展受限，持續低迷，核心問題在於長期處於供過於求的狀況，供給平均高出需求 20%，估計 1995 至 2016 年至少耗損相當於 1,100 億美元的經濟價值。

　　在此全球航運不景氣的局勢下，快桅認為貨櫃與貨物管理上的困難占集團營運極大成本。經調查後發現，竟有一個空貨櫃在全球連續航行了 5 段航程，另有一個空貨櫃則是被來回運送了 20 次，僅此類在集團龐大的海洋運輸網路中，四處運送空貨櫃的營運作業疏失，每年就耗費

公司 10 億美元，委實可觀。因此，快桅有必要優化營運流程，降低成本。

　　另外，全球科技與零售巨頭 Amazon 於 2016 年完成海運承攬（maritime freight forwarding）業務註冊，雖不擁有船隊，僅提供物流代理服務，但面對非傳統競爭業者的加入，老牌龍頭企業快桅也不得不採取因應措施，以維持市場地位。

轉型方向

　　為了優化營運，首先快桅成立「Advanced Analytics Team」，自 2012 年起與 Ericsson 合作，建構預測性維護（predictive maintenance）系統，加強貨櫃管理與使用；2015 年起，快桅與 Ericsson 進一步正式大規模為貨櫃配備了多種感測器，導入遠端貨櫃管理（Remote Container Management）系統，以追蹤位置資訊並確實掌握內容物運輸狀態。

　　該系統允許 30 萬個冷藏貨櫃向雲端傳送溫度資訊，降低劣質運輸條件可能造成的貨品損失；另外也讓碼頭工人、起重機操作員等，透過感測器掌握內容物資訊，以更有效地堆疊貨櫃，進而讓船隻更快離港，提升碼頭營運效率。

　　另外，2017 年，為因應 Amazon 投入海運服務市場的可能衝擊，快桅選擇與中國科技巨頭阿里巴巴合作，除了提供貨櫃空間預訂服務，還開發 App，讓用戶直接管理、追蹤貨物動向與時程表。

　　2018 年，快桅與 IBM 成立合資企業，建構基於區塊鏈技術的全球貿易數位化平台，以提高跨境貿易與物流的效率、透明度與安全性等。根據兩家公司研究，目前文件處理約佔貨物運送成本的 15%，一個貨櫃在一趟航程中可能經過 30 個人員或組織，歷經 200 次互動。因此，透過區塊鏈技術的追蹤能力與自動化交易，可望為整體航運業節省數十億

美元,並讓快桅成為立下行業新標準的領導者。

轉型啟發

快桅集團面對全球船運業長期不景氣的環境,積極運用新技術改善自身作業流程,以提升營運績效。除分別與 Ericsson、阿里巴巴、IBM 等網路科技公司展開合作,導入多項新興應用進行數位轉型外,也因應如 Amazon 這類非傳統競爭者加入的挑戰。

不過值得注意的是,隨著對科技的依賴日深,快桅在 2017 年成為全球「NotPetya」網路攻擊事件的主要受害者之一,造成三大洲多處碼頭作業停擺,損失近 3 億美元,更導致全球海上物流陷入混亂。顯見擁抱數位科技,進行數位轉型之際,強化資訊安全基礎建設的重要性。

就我國而言,據 Alphaliner 每年研究公布的貨櫃船隊運力指標,2018 年台灣的長榮海運(Evergreen Line)與陽明海運(Yang Ming Marine Transport Corp.)分居全球運力排行的第 7、第 8 名,市占率分別為 5.5% 與 2.8%。在全球海運市場低迷影響之下,我國海運業者在應用物聯網、區塊鏈等技術的貨櫃與貨物智慧追蹤管理,乃至網路安全等方面,可借鏡國際指標業者快桅的案例。

5. 宜得利(NITORI)

公司簡介

宜得利成立於 1967 年,是日本的跨國大型家具零售業者,在日本、台灣、中國大陸、美國合計設有 576 間分店。其主要業務為家具、家飾

商品開發製造、進出口販售；其他業務包含辦公室、住宅的室內配置之提案；銷售通路包含實體店面與線上購物。

宜得利的優勢為結合製造、物流、零售業務於一身的特性，得以實現高品質、低單價的商品。從原物料採購、設計開發、製造銷售乃至物流配送，皆自身一手包辦，讓宜得利具備高彈性與快速的商品開發能力，得以因應快速變化的市場需求。至今，已創下連續 32 年維持銷售額和利潤雙成長的佳績。

轉型動機

過去，宜得利致力於整合製造與零售，提供具價格競爭力的商品；然而，由於內外部環境變遷，它意識到深化優勢之重要，而思考著手營運導向的轉型。

外部方面，需面臨國內外業者的競爭、日本國內高齡少子化的影響、國內市場低迷的困境。內部方面，又要拓展國際市場（含店鋪數與營收額）、面臨日益提高的營運成本，如倉儲與物流成本，以及市區門市的租金成本等，經營壓力升高。

以市區門市為例，由於租金高昂，無法像郊區門市般規劃停車場空間，或齊全的家具陳列等，導致顧客單次消費件數較低，影響銷售業績。基於以上課題，宜得利思考數位轉型方向，以提升營運效率和降低成本，最終達成強化核心優勢的目標。

轉型方向

為提升營運績效和顧客購物體驗，宜得利積極結合新科技進行數位

轉型。轉型以倉儲物流系統與市區門市重新定位為主方向。首先，為實現高效的商品交貨和降低倉儲成本，宜得利興建物流中心，並開發庫存管理和產品供應鏈系統。

2016 年，為了因應勞動力短缺與人力成本提高，導入挪威公司的「自動化倉儲系統」。透過倉儲機器人和管理系統，改變過往的倉儲業務流程。除「從傳統的人到貨，轉變為現在的貨到人」，員工不需去尋找貨物，而是讓貨物自動到員工所在位置之外；亦可透過顧客訂單輸入，自動確保庫存和預約配送，甚至附上電子地圖，不僅簡化作業流程，也大幅降低人為錯誤率，此外，倉庫面積減少為過往的一半，勞動力的需求則為過往的四分之一。

再者，為克服市區門市的空間規劃限制和銷售不振狀況，宜得利打出「空手逛宜得利」策略，結合線上線下通路與倉儲物流，在提升業績的同時降低營運成本。宜得利將市區實體店的定位改為展示、體驗的場域，當顧客發現感興趣的商品時，可透過 App 掃條碼，直接在店內完成線上商店的下單，再由倉庫配送到府。對顧客而言，解決商品不易運回的痛點；對店面而言，節省不少庫存空間。更重要的是，得以獲取顧客購物旅程的數據，以利未來的個人化推薦。

轉型啟發

轉型前，宜得利面臨勞動力成本提高、市區店面經營等課題；轉型後，藉由「倉儲物流自動化」、「市區店面重新定位」等方式，結合新科技和自身產業 know-how，強化難以仿製的優質低價產品優勢，將自身的競爭門檻進一步提升。

台灣目前已有不少線上線下整合服務的提供業者，是零售業者可以

思考布局時的參考，藉此因應智慧零售的全通路趨勢，發揮線上線下各自的通路特性。舉例而言，透過線上線下整合掌握顧客全貌以利個性化推薦，最終提升銷售額。

在倉儲自動化應用方面，建議台灣零售業者先評估自身規模與能力，並衡量對整體營運效率的改善，再選擇自建物流中心，抑或與優質物流業者合作。

6. Equinox Fitness

公司簡介

Equinox Fitness 為創立於 1991 年的健身房集團，2005 年被房地產公司 Related Midwest 收購，旗下共有 Furthermore、Soul Cycle、Equinox Fitness、Blink、Pure Yoga、Equinox Hotels 等 6 個品牌，分別為運動媒體、飛輪、輕奢健身房、平價健身房、瑜珈、旅館，目前員工數超過 10,000 名。

Equinox Fitness 經營理念為「It's not fitness; it's life.」，標榜健身是一種生活型態。經營策略上，從健身內容經營與資訊提供，推廣健身概念，並針對不同健身需求消費者提供不同等級的服務。運動媒體從習慣、飲食等內容經營，提供潛在客戶對應資訊，間接增加健康健身的品牌形象，而旅館則作為品牌延伸，讓健身服務橫跨至健康商旅。

轉型動機

健身市場面對同業競爭、科技導入、異業跨界等多重挑戰。同業競

爭促使健身市場發展多元，包含不同運動類型、不同收費條件，朝高端與標準兩極化發展。科技導入則是協助消費者隨時隨地進行個人化健身；徒手健身以及在家訓練，導致實體健身房的優勢漸失，App 及穿戴式裝置成為健康管理的好幫手。非運動產業業者看好健康跨域整合，切入健身市場搶食市場大餅，如旅館業和健身器材製造商合作、航空業打造結合賽事或調整時差的健康與健身之旅等。

健身房經營除面臨上述外在環境造成的新客招募困難之外，維持與管理既有客戶亦為重要經營課題。健身房主要營收為會員費與教練費，但據調查，舊客續約率平均在 3 成，若無法給予觀望、淺度用戶、深度用戶等不同客戶，相對應行銷資訊，解決不同階段會員碰到問題，將會導致會員流失，增加客戶開發的成本。

轉型方向

Equinox Fitness 透過雲端平台、資料蒐集、沉浸課程、組織創新等機制進行數位轉型。Equinox 經營 20 年，雖累積大量不同類型的客戶資料，但存在資料分散、儲存空間不足、資料未被分析利用等問題，因此其數位化的第一步即為建置一套整合資料的雲端系統，並開發讓管理人員快速掌握即時資料的數位看板。

在數位科技導入上，Equinox 雖設有 IT 部門，仍借助 SI 大廠的協助以加快導入進度，如與 AWS、Adobe、Reality Interactive 合作建置雲端，改善資料存儲與分析模式，提升會員管理與行銷效率。

在資料方面，Equinox Fitness 以多功能 App 吸引消費者使用，結合 CRM 的教練約課，並提供健身、營養食品等一站式電商購物功能。App 以提供消費者個性化訓練為宗旨，蒐集消費者平時訓練的卡路里

（Calorie）、GPS 等資料及課堂訓練資料，建立個人的健身檔案，並可串連 Apple、Fitbit 等穿戴設備，以及既有健身 App，如 My Fitness Pal 和 Map My Fitness，提升使用便利性，藉以蒐集消費者數據。

除了 App 外，Equinox 在課堂上使用 The Pursuit 沉浸式飛輪課程。在健身房 IT 基礎設施，打造課程專用的專網、裝置蒐集健身器材回傳訊號。教練在課堂上播放根據遊戲化設計的教材，翻轉無趣的訓練體驗，隨機將學員分組，讓學員訓練成績成為團體成績的一部分，以視覺化的方式，刺激會員使用。

在創新點子的部分，Equinox 結合組織內部與外部的資源，強化組織的創新能量。組織內部，以舉辦 Hack Day 刺激 IT 人員創新，鼓勵員工運用 IT 解決系統管理、會員資料、課程設計等問題，加速數位轉型進程。組織外部，以提供共創空間 Equinox Project，吸引外部教練到場域進行課程創新，讓人才招募透過專案設計進行，同時增加組織創新能力。

轉型啟發

Equinox 進行數位轉型後，從即時資料管理、會員資料應用、創新能力獲取等三方面來改善營運效率，促進整體銷售成長。CRM 資料視覺化填補服務缺口，作為現場管理依據，提升內部管理效率。透過 App 或物聯網裝置蒐集的會員資料，一方面創造新的客戶體驗，一方面達成跨健康平台銷售的目的。最後，透過組織內部的 IT 人員以及外部的健身產業投入者，以競賽與共創空間的方式找到創新方向。

台灣健身業者少有技術人員協助組織進行 IT 的管理與革新，因此仍須借助組織外的資源，如 SI 大廠，協助導入科技應用。儘管如此，

資料的蒐集與處理，仍為國內業者面臨的棘手問題。Equinox 先從雲端資料庫著手，再採用視覺化數位看板即時管理的模式，值得台灣業者借鏡。

7. AT&T

公司簡介

AT&T 為創立於 1983 年的電信公司，前身為西南貝爾公司，因歷史悠久具豐富資源，為美國最大的固網及行動通訊服務供應商，連續 35 年股息成長，名列 Fortune 10 企業之一。

自 2007 年，AT&T 陸續收購通訊、Wi-Fi、衛星電視、媒體類型公司，目前公司業務共有四大企業體，分別為 AT&T 通訊、華納媒體（Warner Media）、AT&T 拉丁美洲、Xandr 媒體公司，服務對象包含消費者、內容創作者、經銷商、廣告商。AT&T 已不僅只為電信公司，從近期收購策略可窺得其欲成為現代化媒體公司的野心。

轉型動機

服務差異性小、消費者習慣改變及新技術變革等因素，驅使 AT&T 積極投入數位轉型。

通訊業者提供消費者與企業的通訊服務差異性縮小，儘管行動通訊技術持續進化（如 2G、3G、4G 等），但創造的服務差異性仍有限。

其次，消費者習慣上網觀看影片、使用通訊軟體服務，通訊習慣的改變，促使公司營收主體由傳統傳統語音轉變為網路流量。電信公司面

對傳統電信營收趨緩及收入項目改變的問題，使得電信公司思考提供其他新型態服務。

再者，電信服務需求不再只是 IP 位置或終端機之間的訊息傳輸，提供軟體定義的網路平台服務已成為市場趨勢，亦為未來物聯網應用的架構基礎。

轉型方向

2013 年 AT&T 首次提出雲端網路架構及開源軟體的概念。2014 年透過內部創新及與外部夥伴合作，透過雲端化軟體與資料驅動，打造快速創新與回應的機制，提出 AT&T2020 及 2025 的發展策略。

為因應集團內部大量的數據處理需求，2017 年 AT&T 強化大數據分析，任命首席數據官 Steve Stine 處理資料分析與趨勢預測。AT&T 在雲端發展企業服務平台，並與 AWS、Google 等雲端業者合作，共同推動資安、物聯網等產業應用解決方案。AT&T 轉型策略包含產品面、技術面，並輔以組織策略、人事調整。

在產品面，以辨識、驗證、整合、連結的篩選管理流程，盤點既有產品服務，縮減產品組合數量，擴大既有產品服務範圍。AT&T 因有 100 多年的經營歷史，累積 7,000 種不同的產品組合，產品過於複雜影響營運效率，透過流程化篩選管理機制，淘汰 55% 的產品組合，節省了 7 億 4,000 萬美元成本。

在技術面，以雲端化基礎建設、平台經濟、消費者體驗、數據驅動達成 AT&T 的轉型目標。雲端化基礎建設提供 AT&T 轉型創新基礎，透過雲端的開源軟體，讓公司內部使用雲端服務進行創新，除了內部使用外，亦成為對外提供軟體定義網路服務的基礎。

在平台經濟的部分,在軟體、API、資安上設計不同的平台架構,從而提供企業客戶不同的產品服務,其中 API 成為提供給企業客戶創新、發展新產品的服務介面。

在消費者體驗的部分,以數位和移動優先作為策略目標,對消費者行為進行更深入的研究,針對消費者提供更加客製化的商品服務,如 OTT 平台等;另協助企業優化消費者體驗,如網站使用、支付等。

在數據驅動的部分,AT&T 於 2013 年便建置資料中心,每月處理 120 億筆資料,並據此完成 AI 自動化決策系統「Hyper Automation」,讓企業員工可以自行使用。

轉型啟發

傳統的電信公司為設備、硬體導向的企業經營模式,對於外部的回應速度相對緩慢。新的電信公司則為雲端、軟體導向的企業經營模式,具有快速回應、增加產品服務模組的特性。AT&T 透過組織的調整、公司收購、人事任命、開放性的平台創建、與外部夥伴合作,讓公司靈活調整、即時回應環境變化。

對電信產業的轉型啟發為雲端化後的集權化與授權化策略;就集權化而言,透過開源軟體社群讓軟體定義網路架構 API 開發涵蓋更多產業參與者;在授權化方面,透過與雲端業者的合作,提供各式可直接使用的垂直領域解決方案。

8. Salesforce

公司簡介

Salesforce.com 是一家以提供「顧客關係管理」（Customer Relationship Management, CRM）服務著稱的軟體公司。Salesforce 在創立初期就高呼 End of Software 的口號，主張藉由雲端透過「軟體即服務（Software as a Service, SaaS）」及「依需求訂閱（On-Demand）」模式提供企業 CRM 服務方案。

在普遍不看好的情況下，Salesforce 的服務模式讓企業可隨時隨選需要的功能而成為市場難以逆轉的趨勢，這使得 Salesforce 獲得巨大的成功。而在近 10 年間，Salesforce 因為人工智慧技術的進展，運用人工智慧將原本容易誤判顧客意圖或數值分析繁雜的工作簡化，讓越來越多企業採用 Salesforce 的 CRM 系統，藉此保持 Salesforce 的市場領先地位。

轉型動機

隨著網路的快速發展、雲端技術逐漸成熟，資訊系統必須面臨走向雲端化的需求，跳脫套裝軟體的銷售模式。過去大型企業級別的資訊系統以銷售解決方案軟體的模式為主，現今直接讓企業以隨選訂閱的方式成為企業級別的資訊系統銷售的新管道。

然而，Salesforce 的經營模式也在雲端發展成熟的情況下漸漸受到挑戰，也由於雲端的特性，各大廠也開始提供租賃模式的 CRM 系統，

例如微軟的 Dynamic 365、SAP CRM 等。

因此，Salesforce 為提供更好的服務，原本以自家部署的雲端為主要服務的方式，近年因為公有雲服務越趨成熟穩定，開始將不同的功能及模組部署於公有雲上，並與不同廠商進行合作，提供更多元的功能，讓客戶可以獲得更好的服務品質。

轉型方向

Salesforce 持續提供不同應用工具及功能，讓用戶企業有全方位的體驗。例如，2012 年整合 Google 應用服務，於平台上提供包含 Google 文件、地圖、行事曆等服務；2014 年與微軟達成協議於平台新增 Office365 服務，使平台能提供客戶 Office 編輯、存取及分享功能；2016 年，為了使 Salesforce 平台具備與微軟 Word 和 Google 文件相匹敵文書處理軟體的能力，以 5.82 億美元收購文書處理應用 Quip。

然而，傳統 CRM 使用上經常遇到煩人的輸入程序、客戶感受無法有效擷取或是不能有效精準分析潛在客戶或顧客體驗的情況，因此近年 Salesforce 積極將人工智慧應用及數據分析平台應用在服務平台上，目標就是希望顧客使用 CRM 系統時，可以獲得更有用、穩定及有成效的顧客關係管理的體驗。

包含 2015 年入股資料整合軟體商 Informatica 來提供資訊生命週期管理、B2B 資料交換、資料虛擬化等資料處理服務，協助整合資訊服務於平台內容，並於 2016 年跨界 AI 領域收購 MetaMind 公司，提供人工智慧解決方案以自動化及個人化商業流程，並且善用深度學習優勢延伸 Salesforce 的數據能力。2018 年再以 65 億美金買下人工智慧軟體整合平台業者 MuleSoft，讓未來企業可以快速整合公司內外部資訊，以利快

速彙整各類資料後提供一對一的資訊。甚至，2019 年更大手筆以 157
億美金併購下著名的資料分析及視覺化公司 Tableau。

　　由於以 SaaS 為主要的經營模式，因此在近年就不斷藉由收購、合
作的方式加強原有軟體服務上之判讀及效率，並和不同軟體公司進行功
能互補和融合，在魚幫水、水幫魚的模式下經營出良好生態，共創多贏
局面。

轉型啟發

　　2018 年 Salesforce 財報營收突破 100 億美元，相較其他軟體公司，
Salesforce 的商業模式獲得實質營收上的勝利，在在證明當初使用 SaaS
及訂閱制的模式獲得大舉成功。此外，由於 Salesforce 對客戶使用滿意
度的在意，在眾多公司也投入 SaaS 及訂閱制的同時，Salesforce 持續運
用新科技和技術讓使用者在使用產品時能獲得方便與有成效的體驗。

　　Salesforce 近年不斷積極與其他公司合作、入股及併購，獲得新技
術，讓 Salesforce 對這些新科技的學習曲線可快速下降，並走在客戶的
前端，於第一時間就引導客戶來獲取新科技，藉此讓客戶可運用新科技
來進行有效的顧客關係管理。未來 Salesforce 將不停強化人工智慧、區
塊鏈、數據分析等最新技術來完善產品，搭配雲端平台的架構和規劃，
提供更加完善的企業服務方案。

9. 希捷（Seagate）

公司簡介

Seagate 於 1979 年成立於美國加州，是全球主要的硬碟廠商之一，主要產品包括桌面硬碟、企業用硬碟、筆記型電腦硬碟和微型硬碟等。2014 年 9 月，Seagate 併購 Avago 旗下 LSI 的加速解決方案事業部（Accelerated Solutions Division, ASD）及快閃記憶體組件事業部（Flash Components Division, FCD）獲得企業級 PCIe 快閃記憶體與固態硬碟（SSD）控制器技術，進一步強化 Seagate 在快閃儲存領域的競爭力。

2018 年 Seagate 參與以貝恩資本為首的美日韓聯盟，入股日本東芝公司的半導體部門，以確保旗下固態硬碟產品線能獲得東芝穩定供應快閃記憶體。2018 年度營收規模達 112 億美元。

轉型動機

Seagate 對於生產過程強調垂直整合，除了部分零組件由供應鏈出貨外，其餘皆由 Seagate 自行生產。在製作硬碟過程中有高達 1,000 道工序。以磁頭滑翹（slider）的生產過程為例，是以矽晶圓（Wafer）作為原料，經過光刻處理成為平整、輕薄的薄片，再經過分割處理變成磁頭滑翹，其中包括氣體流動、讀取與寫入感測器放置的方位，皆會影響整個產品良率，而上述流程都可以透過人工智慧進行優化。

Seagate 全球的工廠每年生產超過 10 億個記錄磁頭（recording transducers），為了維持最高標準的品質，磁頭皆需經分析及測試。以

Seagate 位於美國明尼蘇達州諾曼戴爾（Normandale）的工廠為例，每天產出數百萬張的顯微影像相當於 10 TB 的資料量，工廠需先從此大量影像中，篩選出有潛在瑕疵的部分，才能將晶片組裝至硬碟上。由於需分析檢測的磁頭數量龐大，使 Seagate 萌生應用機器學習、物聯網感測器等技術改善製程效率的想法。

轉型方向

　　在製造流程中，Seagate 希望能夠達到即時監控管理的效果。所謂即時，是指可能要在毫秒（millisecond）之內，就必須能根據產線上的情況進行決策，相較於有些決策判斷必須倚賴供應鏈製程資料，可能須歷時數小時、數週甚至數月的時間。透過與 NVIDIA、HPE 共同合作成立智慧工廠 AI 平台——「雅典娜計畫」（Project Athena），Seagate 將晶圓成品影像導入機器學習，訓練 AI 系統分辨晶圓成品的品質，該平台部署的 AI 模型已經能做到每天即時分析 300 多萬張電子顯微鏡產生的影像資料，並從中找出工程師可能忽略的小瑕疵，再回報給產線人員改善問題。透過即時處理的功能，團隊得以及早辨識並修正製程問題。問題越早發現，就能更有效降低瑕疵品對製程及成本的影響。

　　Seagate 將自動化設備產生的數據即時上傳至雲端，建立讓工廠設備可進行機器學習的基礎環境。Seagate 從 2000 年起便致力於打造完整的基礎設備，迄今花了近 20 年，現階段 Seagate 生產線上所產生的數據，都可傳輸至部署在工廠裡面的伺服器進行即時運算與分析。

　　至於在組織設計方面，Seagate 內部成立一個「資料公民科學家」（Our Citizen Data Scientist）專案計畫，一方面從各種不同面向去協助企業內不同部門的員工了解 AI、機器學習等相關知識及在內部相關場

域的應用，同時尋找並培育人工智慧領域相關人才，以期能充分發揮數位轉型的成效。

轉型啟發

從 Seagate 的案例可發現，業者必須先從公司自身角度思考要解決的問題為何？並且，需先確認產線製程有那些數據可以拿來作為改善或減少良率問題的發生。如此才能精確評估導入 AI 的成本效益為何，進而提高企業競爭力。而且，也可發現現階段最適合企業自身的 AI 解決方案，通常已非市面上的標準化方案。Seagate 選擇自行與供應商共同打造適用自身工廠製程的解決方案，也意味著只憑藉供應商提供標準化方案的時代也已過去，企業除了解自身急需解決的痛點外，也必須學習與供應商共同打造最適解決方案。

最後，從此案例也可發現，轉型絕非是一蹴可幾，Seagate 是自 2000 年起即意識到產線設備聯網，後續在 2019 年進一步導入人工智慧建模進行 AI 檢測，能夠即時掌握產線生產情況，及早識別並修正製程問題。問題越早發現，就能更有效地降低瑕疵品對製程及成本的影響。

10. 雀巢（Nestle）

公司簡介

雀巢為國際知名食品公司，由 Henri Nestlé 在 1866 年成立於瑞士。2018 年營收約 2.9 兆新台幣，業務橫跨 190 國，全球逾 30 萬名員工。其業務包含飲品、保健食品、乳製品、寵物食品等，旗下共有超過 2,000

個品牌，知名品牌包含：膠囊咖啡 Nespresso、星巴克（僅擁有星巴克之零售權）、巧克力飲品 M ilo、奶粉 S-26、巧克力棒 KitKat 等。

中國大陸是雀巢全球第二大市場，以達到為消費者、股東和社會創造共用價值，提供更健康的生活為願景。為實現此願景，雀巢持續投資，目前已建置了從原材料採購、產品研發到生產等各種設施，其中包括 32 家工廠、3 個研發中心、食品安全研究院、奶牛養殖培訓中心，以及雀巢咖啡中心等。

轉型動機

2008 年後電子商務崛起，帶動零售產業重大變革，諸多業者從實體門市往線上通路布局，多元的電商平台也增加雀巢的供應鏈管理成本。過去，品牌業者進行供應鏈管理需要針對不同的銷售管道設置個別的專員對應，不同銷售管道間的訊息彼此獨立，管理者在了解銷售數據時，需要個別蒐集每個銷售管道的數據，才能進行分析，也因為數據彼此獨立，不同銷售管道庫存量不均時，即便是同一個產品也很難於不同管道間調度庫存。

此外，過去企業 ERP 系統多是針對企業內部資訊進行管理，缺乏外部數據對接，使得在進行數據分析時，無法串聯內外部數據，進行全面的數據分析。

因此，2017 年雀巢在中國大陸與阿里巴巴旗下的天貓、菜鳥合作，整合倉儲、物流、銷售通路等資源，試圖解決過往多元銷售通路下的痛點。

轉型方向

2017 年，雀巢找上天貓及菜鳥共同發展「一盤貨戰略」，針對雀巢在淘寶旗下的品牌旗艦店、天貓超市、農村淘寶、零售通等四個線上通路進行物流整合。過去雀巢在不同通路、地區有不同的倉儲進行發貨，彼此間是獨立運作，對於庫存調度、數據管理無法有效進行整合，2017 年施行的「一盤貨戰略」，將四個線上通路的庫存統一進入菜鳥在中國大陸的 10 個倉儲中心，所有的發貨、配送全權交由天貓與菜鳥統一調度。

2019 年，雀巢進一步與菜鳥合作「智慧供應鏈大腦」系統，該系統擴大串聯雀巢於阿里巴巴旗下的不同銷售通路（除了上述的四個線上平台外，再加入大潤發及盒馬鮮生等線下通路）的數據，並提供即時、可視化數據管理。過去供應鏈數據需等待幾天資料回報、彙整後才能了解全面的銷售狀況，而透過智慧供應鏈大腦能彙整各通路數據，達到即時了解銷售數據；線上線下庫存也能互相調度，支援快斷貨的倉儲，未來能更進一步透過數據分析，選擇倉儲設置的地點、不同規模倉庫的協作機制。

未來智慧供應鏈大腦最終目的是希望能將消費者需求也拉入雀巢的供應鏈管理中，達到以消費者為核心的供應鏈，而非以生產為核心的供應鏈。

轉型啟發

多元布局線上通路是品牌業者增加曝光的方式，同時也是讓消費者能便利購買商品的策略，但在其背後也代表著更複雜的物流規劃。以雀

巢來說，在北京的消費者購買商品後，多由北京的倉庫出貨，但若剛好遇上沒有庫存，可能需要轉由西安的倉庫發貨，也意味著物流成本的增加。因此，相通路間相互獨立的數據打通，有助於業者管理庫存，此外，透過數據分析，規劃倉儲位置、配送服務，也能提升商品送達消費者手中的速度，提升整體營運效益。

11. 愛齊科技（Align Technology）

公司簡介

1997 年創立的愛齊科技，總部設於美國加州聖荷西，目前為全球最大的透明矯正牙套製造商，擁有透明牙套矯正系統品牌隱適美（Invisalign）與 iTero 口腔掃描儀，提供全方位、跨年齡層的治療配套方案。

透過 iTero 口腔掃描儀，運用 3D 動畫，模擬矯正前後的牙齒排列及成果，在諮詢階段就能具體看到個人專屬的治療方案，便於醫生和病患進行更直接與深度的溝通。目前全球 100 多個國家累積治療人數超過600 萬人，在荷蘭、新加坡、台灣、中國大陸設有據點，2018 年營收20 億美元、淨利 4 億美元。

轉型動機

有別於大多數牙醫使用的傳統齒顎外側矯正器，愛齊科技專注於透明牙套技術研發，並擁有相關專利。然自 2017 年 10 月起，多項專利陸續到期，競爭者模仿商業模式，出現紅海市場效應，導致產品削價競爭，

愛齊科技欲維持原有的營收獲利水準實屬不易。其所擁有的數位矯正 know-how，如何進一步提升作業效率，並在仍採用傳統矯正方式的牙醫界擴散，成為發展的重要課題。

此外，愛齊科技原以歐美市場為主，2013 年在亞太成立總公司，對於亞洲市場的布局腳步較晚，加上東方人臉型與西方迥異，口腔空間也差異甚大，只利用歐美病患的大數據，無法對於亞洲病患提出高準確性治療方案，導致矯正失準、時間拉長，而遲遲無法推展市場普及率。

轉型方向

運用多年來累積 600 萬的人體臨床實驗案例，以及國際醫學期刊論文發表眾多的成功研究案例等為基礎，愛齊科技積極導入雲端服務與人工智慧，進行數位轉型，除提升內部運作效率外，也連帶提升合作夥伴的數位競爭力。

採用隱適美透明牙套矯正系統的牙醫，透過 iTero 數位口腔掃描儀進行掃描，取得病患資料，並將客製化治療計畫上傳雲端，經人工智慧運算後回饋 3D 模擬影像，每週更換新牙套來移動牙齒，醫師或病患可利用搭配的 App 軟體自行監測治療進度，完成後續治療。此方式不僅提升企業自身優勢朝向數位轉型，也藉由提供軟硬整合的一條龍服務，使流程透明化，降低人力及生產成本。

運用人工智慧、大數據分析等數位科技，提升產品精準度，也讓使用者上手快，除專業齒顎矯正醫師外，一般家醫型牙醫經過培訓亦可使用。愛齊科技為推廣相關技術，與美國多所大學如紐約大學牙科學系、哥倫比亞大學等合作，將矯正器治療與隱適美系統列入教學課程，提供欲數位轉型的醫師一個學習管道，進一步擴大滲透率，成為營收成長的

新動能。

此外，愛齊科技積極拓展亞洲市場，除展開牙醫診所市場行銷，提高品牌辨識度，加速病患數據累積之外，亦透過跨國性培訓計畫如 2017 年於中國大陸四川成立治療計畫培訓中心、2019 年於台大醫院齒顎矯正科開設亞洲第一門數位矯正系列課程等，進行人才培訓與技術推廣。

轉型啟發

在人工智慧、大數據分析相關技術快速進展下，數據成為企業的重要資產，如何從大數據萃取出價值，作為營運改善與決策之參考，更是競爭力能否提升的關鍵。愛齊科技利用掃描儀得來的大數據，補強其原本資料庫不足之處，透過 AI ＋數位模擬＋主治醫師客製化個案治療計畫，優化既有產品與服務。而藉由提供即時個人模擬療程，降低病患未知的不安，增加病患信心，解決長期以來醫師與病患間，單憑口述、想像術後效果之痛點，亦達到優化顧客體驗之效益。

當然，醫學不可單獨憑藉著運算後的結果及模擬的比對機制進行治療，仍須回歸醫師的經驗值的累積與判斷，才能提供更安全無虞的治療。

12. 麒麟啤酒（KIRIN）

公司簡介

1907 年成立的日本麒麟啤酒，是日本前三大啤酒製造商，總部設於日本東京，目前隸屬於麒麟控股公司旗下。麒麟控股公司的業務除了

啤酒、飲料等事業，目前還擴及醫療事業。**麒麟控股公司在歐洲、亞洲、美洲都設有營業據點。**

麒麟啤酒生產超過 30 種啤酒類飲料，其中主打只用第一道麥汁釀造的「KIRIN 一番搾」為其知名產品。2018 年生產 1 億 3000 萬箱的啤酒類飲料，出貨量占日本啤酒市場 34.4%，並創下 175 億美元的年營收、14 億美元的淨利，海外營收比重占 4 成以上。

轉型動機

日本人口老化導致年輕勞動力缺乏，過去日本釀酒製造重視職人文化，由老師傅傳承耗時費工的釀酒技術。然而，新世代員工短缺，加上團塊世代（即日本戰後出生的第一代）的人員相繼退休，迫使企業開始正視專家技術傳承問題。麒麟啤酒的新產品研發過程嚴謹，在研發的過程中，從啤酒花的產地到使用量都有管理，最後還需要通過 200 次以上測試，才能正式推出新口味的產品。由於過程耗時費工，加上釀酒技術傳承不易與人選的短缺、近年來消費者喜好快速變化且多樣化發展，促使日本麒麟啤酒開始思考採用數位科技進行轉型。

此外，為掌握通路鋪貨銷售狀況，**麒麟啤酒每日都會派人走訪店面**確認商品貨架陳列。過去由現場工作人員整理完貨架後，再拍照回傳給總公司，由總公司的判讀人員確認。然而，由於需要比對的照片來自上萬家門市，以人工比對大量照片的任務不但耗時費工、單調且重複性高，致使人員注意力減損、錯誤率提升。

轉型方向

過去釀酒師傅技術傳承需要 10 年以上，才能掌握搭配不同啤酒花與用量的釀酒技術。麒麟啤酒為了彌補高齡化造成的世代技術斷層，與三菱綜合研究所合作，將過去 20 年間的實驗數據輸入 AI 系統中。未來員工只要選擇希望呈現的味道、香味、色澤及酒精濃度，AI 便可以依據數據預測出可行的釀造方法。此方法大幅降低了對老師傅經驗的依賴，也減輕頻繁研發新口味的實驗負擔。

麒麟啤酒也應用 AI 服務在現場客戶服務上。由於麒麟啤酒除了販售瓶裝啤酒，也提供現場飲用的精釀啤酒，為了方便消費者飲用各類精釀啤酒，麒麟開發 4 個小容量的專用啤酒機，在各地的居酒屋銷售。利用配置在店內的平板電腦，讓客人回答「對流行敏感嗎」、「吃晚飯的時間」等生活習慣，AI 再根據客人的回答推薦特定的精釀啤酒。

麒麟啤酒每日都需要派遣人力到店鋪檢查貨架，每間店至少要花費 1 小時，人力與時間負擔是企業長期的痛點。但在採用 NEC 公司的圖像辨識技術後，過去需花費 1 小時的工作，現在僅需花費 7 分鐘即可完成。檢查人員只要利用手機拍攝貨架擺放的照片，上傳至雲端系統，系統就會自行分析，辨識產品擺放的位置、品項與數量是否正確，如有錯誤，系統會自動發出警示，讓管理者能確實掌握商品擺放正確性。

轉型啟發

近年來台灣製造業缺工問題嚴重，為了減緩人力與技術傳承的壓力，可借鏡日本企業利用 AI 解決技術傳承的方法，協助老師傅的技術與經驗轉換成數據留在公司內。另外，在新產品開發的能力上，由於新

世代消費者的來臨,喜好多變而碎片化,為了快速因應消費者的偏好變化,食品製造業者對於消費者行為數據的 AI 分析,也能夠幫助企業快速因應市場變化,研發製造少量多樣的個性化產品。

此外,在貨架整理的部分,為確保貨架的排列整齊,需增加人力進行相關作業,但由於這類工作重複性高,運用雲端、圖像辨識的貨架比對軟體,不僅可縮短確認時間,也可以減低現場人力的負擔。

13. 西門子(Siemens)

公司簡介

西門子成立於 1847 年,總部設立於德國,在電子、電機產業上為全球知名的領先企業。公司營運範圍涵蓋全球 190 餘國,旗下有超過37 萬名員工,主要業務包含能源、基礎建設、數位工廠、醫療領域。

西門子相當重視研發創新,每年研究經費占營收 6%,年增幅超過25%。目前致力於針對客戶需求,提供整合解決方案的服務。在數位化的服務上,最著名的為 MindSphere 物聯網平台,以及數位分身(Digital Twins)的技術。2018 年,西門子整體營收約 915 億美元,其中有 20%來自數位業務,淨利約 67 億美元。

轉型動機

德國工業產品出口依賴度高,2006 ～ 2011 年間面臨出口成長停滯,影響了德國經濟發展,為強化企業獲利能力,德國政府在 2013 年正式推動工業 4.0,將工業設備的優勢加入服務價值體系。

此外，德國少子化問題嚴重，自 1970 年代開始，德國生育率便未破 2%。加上過去在 1995 年到 2002 年間，德國經濟成長緩慢，並沒有特別鼓勵年輕人學習工程，導致當時每年工程畢業生從 5 萬人下滑至 3 萬人。德國缺乏如美國般豐沛的軟體人才，因此當美國著重發展延伸資訊產業的物聯網，德國則藉過去製造設備的強項，從生產設備智慧化作為開端，開啟智慧製造的先驅。對於「百年製造」西門子來說，智慧化設備也成為企業切入智慧製造的契機。

轉型方向

安貝格工廠是西門子數位工廠概念的實踐場所。過去 25 年，安貝格工廠在人員數量大致維持不變，空間也未大幅擴張的情況下，不但將良率改善至 99.9988%，更將產能擴張至 8 倍，目前已成為全球參訪的示範工廠。而工廠設備每天生產的 5000 萬筆數據，不但記錄顧客的資料，更能預測未來需求，使數據成為西門子發展的重要資產。人工作業也藉由數位化的發展降至過去的 ¼，現場人員的類型也從重複作業的作業員，轉為使用軟體來管理生產的技術人員。

西門子過去以設備、自動化等能力見長，2007 年完成對產品生命週期軟體（Product Lifecycle Management, PLM）公司 UGS 的併購，成為西門子跨入數位化服務的起點。之後續西門子相繼併購協助生產的 VR 軟體、MES 系統，更藉併購 Camstar、Sinalytics 等數據服務公司，加入大數據分析與平台服務。

在 2016 年西門子推出工業雲平台 MindSphere，為企業提供自動化與數位化等核心領域服務。數位分身（Digital Twins）則為企業提供實際設計、模擬、驗證及最佳化產品、製程的方法。

西門子在眾多產業都有產品線，每一產品線都有可觀的裝機量，藉由蒐集大量數據與分析，進一步擴展旗下各產業服務項目，提升服務價值。如醫療方面，西門子醫療發表一款可整合病患資料，並利用 AI 辨識資料模式與規律的 AI-Pathway Companion 平台。透過資料與 AI 的整合、分析，可讓醫生更了解病患的臨床狀態，協助醫療決策。

轉型啟發

台灣與德國製造業有相當相似之處，如依賴外銷、製造能力強、注重機械製造發展等。台灣企業可借鏡德國西門子的轉型之路，以既有的產業專門知識為基礎，並結合軟體服務，提供顧客企業完整的數位化製造服務。

另可參考西門子建立示範工廠的方式，除了替自家服務打活廣告，更將新技術先行實踐在企業內部，作為未來營運改善的參考。此外，西門子也利用自身企業數位化的強項，逐步將技術擴散至其他產業應用，此方法也可以作為台灣企業在各產業物聯網的發展路徑參考。

14. 達美樂披薩（Domino's Pizza）

公司簡介

Domino's Pizza（簡稱 Domino's）為一家源於美國的餐飲服務公司，1960 年成立，2004 年上市，現已發展為跨國連鎖餐飲企業。

Domino's 的核心產品為比薩，致力於各種口味、餅皮與樣式的研發，掌握消費偏好、飲食風潮、當地食材等資訊，進行產品創新與製作

為重要關鍵。

此外，Domino's 為了讓顧客盡快享用美味餐點，在 1973 年推出「30 分鐘內送達保證服務（30 minutes or free）」的配送服務創舉，若超過 30 分鐘未送達，顧客則可免費享用比薩，快速送達成為 Domino's 的服務訴求。

轉型動機

Domino's 自 2004 年上市至 2008 年期間，營收與股價雙雙面臨挑戰。在產品面，因未掌握當時飲食風潮、食材配料不新鮮等因素，導致消費者對 Domino's 比薩評價低落；此外，在配送方面，求快的服務也造成許多交通事故，在輿論的撻伐之下，Domino's 於 1993 年終止 30 分鐘保證送達承諾，快速配送優勢不在。

因此，在產品口味未符消費者喜好、配送服務承諾不若以往的情況下，Domino's 的營收與股價在上市後 4 年皆面臨下滑的頹勢，企業轉型迫在眉睫。

轉型方向

Domino's 自 2007 年起啟動數位化轉型腳步，目前已是一家數位化程度很高的餐飲企業，65% 以上的訂單皆是來自網路平台。基本上，Domino's 的數位科技應用主要圍繞在三大核心環節：訂／接單、口味、配送，因此數位轉型方向主要偏向「營運卓越」。

在訂／接單方面，2007 年 Domino's 首先開發手機訂餐功能、2014 年 Domino's 在 App 上推出語音訂購功能、2015 年推出智慧訂購服務

Domino's AnyWare，因應消費終端、社交媒體的變化趨勢，提供電話、手機、聊天機器人、智慧電視、智慧手錶等多元訂購管道；此外，2018年推出 AI 語音訂購助理 DOM，藉由 AI 語音助理替代人力接聽，減少人為誤聽等錯誤發生。

在口味方面，2019 年 Domino's 推出 AI 影像辨識應用 Piece for Pies，顧客透過拍照 Pizza（不限 Domino's）集點兌換免費 Pizza，透過 AI 影像辨識，藉以蒐集顧客食用頻率、熱門地點、偏好口味等資訊。

在配送方面，Domino's 在 2008 年推出即時追蹤服務 Pizza Tracker，並持續優化配送追蹤功能，如新增社群追蹤訂購功能；此外，Domino's 在 2016 年與福特汽車合作實驗自駕車配送服務、2018 年推出 Hot Spots 配送服務，利用地理圍欄技術，讓顧客可於停車場、公園等處取貨。

轉型啟發

Domino's 自創立以來，關鍵任務是製作好吃的比薩，並快速配送至顧客手中，其價值創造流程為「訂購、製作、配送」；因此，數位轉型的重點也是聚焦在此關鍵流程，藉由數位科技的導入提高各環節的作業效率。

此外，Domino's 在數位轉型歷程不斷累積大量數據，包含線上訂購、行銷活動、第三方來源等數據，拼湊出餐飲服務的消費資訊與地理資訊，藉以優化營運資源配置，如根據各地區口味偏好決定菜單研發、進貨食材，或者降低配送成本，或如根據配送頻率與路線距離配置外送人力或進行開店評估。

15. 超微半導體（AMD）

公司簡介

創立於 1969 年的超微半導體（Advanced Micro Devices, AMD），是一家專注於微處理器及相關技術設計的公司，其總部位於美國加州舊金山灣區矽谷內的森尼韋爾市。

最初 AMD 擁有製造自家設計晶片的晶圓廠，2009 年將其晶圓廠拆分為現今的格羅方德（GlobalFoundries）後，成為無廠半導體公司，僅負責硬體積體電路設計及產品銷售業務。AMD 是美國前 5 大微處理器廠，負責硬體積體電路的設計與銷售，產品包含中央處理器（CPU）、圖形處理器（GPU），也為遊戲機提供客製化處理器。

轉型動機

在 AMD 推出新架構之前，技術創新方面已達到停滯期，無法與 CPU 大廠 Intel 競爭高端市場。2013 年後，本來由 AMD 主宰的 x86 伺服器市場拱手讓給競爭對手 Intel，造成對手 Intel 市占率達 99% 以上，而 AMD 僅約 1%。在 PC 市場受到 Intel 結合微軟夾殺，行動市場受到高通及聯發科進逼之下，2012 年 AMD 被迫裁員全球 1 萬名員工。

然因 Intel 的 10 奈米技術良率一直無法提升，給了 AMD 拉近彼此差距的機會。在全球高效能運算的公司中，AMD 具有基礎扎實的專利優勢，而高畫質的電競、遊戲及雲端資料中心，均需要大數據運算，造就了 AMD 可以發揮的機會。隨著人工智慧的發展及大量運算資源的需

求，為做到速度與深度兼具，更需 GPU 與 CPU 協同運作，AMD 與同業相比，是少數同時具有 CPU 與 GPU 技術整合優勢的公司，成為轉型的契機。

轉型方向

AMD 與三星電子進行策略聯盟，雙方基於 AMD Radeon 繪圖技術，在超低功耗、高效能行動繪圖技術上展開為期多年的合作，加速繪圖技術在行動市場的創新。AMD 與客戶及製造合作夥伴合作，優化產品製造經驗，其強大的軟體工具讓開發者能針對 AMD Radeon GPU 優化遊戲及其他應用程式，並提供眾多的選擇和極大的彈性，協助開發者優化應用程式效能。

除了與微軟和 Sony 合作將晶片放在遊戲主機之外，AMD 的資料中心處理器以更多核心數領先同業，獲得亞馬遜 AWS、微軟 Azure、Google 及 NTT Data 採用。AMD 捨棄原先的 Bulldozer 架構，採用全新的 Zen 架構，從一開始就設定好以高性能 x86 處理器為目標，重新設計處理器核心，並於 2016 年將 Zen 處理器架構正名為 Ryzen。

新的處理器較過去的處理器，有更高的浮點運算性能和更大的存取記憶體空間，並支援新世代顯卡的標準。在定價策略上，新處理器較競爭對手 Intel 等同級產品更實惠，性價比更高。在產品製程上，AMD 採用台積電 7 奈米製程，藉由更高密度的晶體數量提高運算力並達到節能省電效果。在組織架構上，AMD 將 GPU 與 CPU 兩大核心技術團隊整合到同一組，以發揮成效。目前憑藉耳目一新的組織企圖與產品發表，持續攻佔原本由 Intel、NVIDIA 主導的伺服器市占率。

轉型啟發

在 PC 伺服器市場失利下，AMD 掌握契機，積極轉換產品發展方向，聚焦於電競、遊戲市場，除搶下遊戲機 XBOX、SONY PlayStation 及 Google 的訂單，也讓股價大幅上漲 354%。面對遊戲、虛擬實境影像或電競賽事所產生全新運算需求，AMD 聚焦技術研發，並鎖定遊戲市場，推出相較於前一代的效能更高的晶片，不但取得 Sony 與微軟的新一代遊戲機客製化繪圖晶片的訂單，也確保自己在遊戲市場的地位。

隨著人工智慧、高效能運算、雲端運算的發展與超級電腦的大量運算需求，AMD 借助台積電 7 奈米製程實力，利用競爭對手 Intel 的 10 奈米製程難產，目前僅停在 14 奈米的有利環境下，AMD 取得了拉近彼此市場差距的機會，並順勢與雲端大廠亞馬遜、Twitter 資料中心與微軟的 Azure 雲端平台擴大合作。不論是虛擬化、雲端或企業應用，AMD 善用台灣供應鏈的力量，與台灣 OEM 和 ODM 合作夥伴開發體積更小、更高整合的多核心晶片，藉由更低成本與更靈活的策略，讓 AMD 重新崛起。

16. 洲際酒店集團（IHG）

公司簡介

洲際酒店集團（InterContinental Hotels Group, IHG）創辦於 2003 年，總部位於英國登納姆，創辦至今集團不斷併購、拓展新的旗下品牌，至 2018 成為全球最大、客房數量最多的跨國酒店集團，目前也是全球飯店業的領導品牌，全球市場市占率約 16% 左右。

　　IHG 旗下主要經營中高端定位的飯店，並提供一般飯店與長住型飯店等不同類型服務。全球飯店據點達 5,603 家，絕大多數位於美洲地區，占整體 61%；2018 年度營收達 43.37 億美元，其中美洲地區營收占整體之 54%，其次則為歐洲、中東、非洲地區占 30%。

轉型動機

　　過去飯店產業在 IT 技術與基礎建設上的投入比例較低，但隨著科技的發展與消費者習慣的改變（如：使用行動裝置來預約訂房），數據資料、金流與業務的複雜程度大幅提高，飯店需要更細緻、更有效率的營運管理系統與策略，來因應此變局。此外，近期飯店住客個資洩漏事件層出不窮，也提高系統急需升級的必要性。

　　IHG 預估，2020 年千禧世代的商務旅行支出，將占全美商務旅行支出約 46% 的比例，意即千禧世代將成為飯店業的主力客戶族群。由於千禧世代相較於上個世代更偏好科技、渴望嘗試新事物，並追求高品質體驗，因此飯店也需要因應其喜好在經營策略上有所調整，或可藉由客戶數據分析，來掌握、調整飯店經營方針與新服務的推動。

轉型方向

　　IHG 在全球擁有超過 5,600 個飯店據點，為了有效管理跨洲際、跨國際的飯店運營與資料數據交流，IHG 自新任 CIO Laura Miller 上任後，就加強集團 IT 系統架構的轉型，旨在滿足該集團全球業務拓展及運營成本降低的目標。其中，IHG 透過強化集團內外的 IT 能力及導入創新科技，作為優化「營運卓越」的基礎。

　　內部方面，拓展集團內部 IT 部門規模，增加兩倍以上的全職 IT 人員數量，讓內部 IT 團隊與外部技術供應商進行專業分工：外部技術廠商協助提供先進技術，而內部 IT 團隊則聚焦於飯店的核心業務營運與維繫。2018 年開發 IHG Concerto 服務，將房客訂房系統、收入管理系統等多功能整合成單一的、直覺式酒店管理系統，協助飯店員工提升管理效率。

　　外部方面，與雲端服務業者（如 Amazon Web Service、Google Cloud Platform）建立夥伴合作關係，協助 IHG 建置私有雲基礎架構，採取微服務（Microservices）策略，並將其所有 IT 系統及應用程式轉移至雲端上。預計於 2019 年底前完成超過 3,000 台伺服器數據中心技術堆疊（technology Stack）的更新，作為飯店數據傳輸、管理、儲存與分析的基礎，允許同時容納、處理全球多種語言、大量客戶訂房資訊、金流及資訊安全等業務，大幅提升 IT 能力與成熟度，進而達到節省 10% IT 費用的目標。

　　2018 年 9 月，IHG 為提升大中華區 IT 系統技術能力（在大中華區擁有 350 家酒店），選擇與阿里雲建立夥伴合作關係，將借助阿里雲的技術能力與解決方案，優化集團的運營效率、安全管理和數據分析能力，提升 IHG 在大中華區市場行銷、人力資源管理、財務等相關業務的成效。

轉型啟發

　　IHG 將原先多頭馬車的系統平台，整合並簡化為單一且視覺化設計的飯店管理系統，提供全球據點共通使用，讓主管階層明確掌握每個環節的表現與發展狀況，進而讓員工能夠花費更多的心力在服務客戶，提

高客戶滿意度。

此外，IHG 與外部全球知名雲端服務業者建立夥伴關係，作為支持跨國際、跨洲際國際企業的強大後盾，維持大量數據交換、儲存等的安全性與穩定性，並且成功降低過程的花費。IHG 成功在一年內節省了3,300 萬至 3,800 萬美元的 IT 支出。

17. 百事集團（PepsiCo）

公司簡介

百事集團為知名跨國企業，總部位於美國威斯特徹斯特郡，1965年由百事可樂公司與世界最大休閒食品製造銷售商菲多利合併而成。當競爭對手可口可樂仍為了是否跨出汽水飲料市場、走向多品牌經營而猶豫的同時，百事可樂已經成功轉型為產品多元的美國飲料食品主要廠商。

百事集團的多元化策略始於 1990 年代，藉由一連串的併購計畫，積極且快速地拓展產品組合，陸續將鮮榨果汁品牌純品康納、紅茶品牌立頓、運動飲料 Gatorade 和瓶裝水品牌 Aquafina 等飲料品牌納入旗下，甚至與全球最大的休閒食品製造商樂事共同提供零食餅乾等商品。

轉型動機

過去在進軍國際化市場時的過程中，百事可樂遇到了一個難題。由於可口可樂搶先在全球可樂市場先行布局，其在美國以外的海外區域每年皆可為公司總營收貢獻超過 70% 以上的數字；反之，百事可樂在北美以外區域的收入卻僅佔總營收約三分之一。由此可見，美國之外的其

他國家亦早已被可口可樂插旗,並讓百事可樂在全球化的進程中受阻。

另一方面,在 2014 ~ 2015 年時,碳酸飲料市場成長已有觸頂跡象,因隨著歐美地區對於肥胖問題的擔憂及健康意識逐漸抬頭,衍生出對碳酸飲料所持質疑的態度。相較於 1985 年碳酸飲料市場占比達到 80%,2018 年該類產品市占已大幅縮減至 13%,可見其衰退的程度。面對如此嚴峻的挑戰,百事可樂也開始思考多角化及擁抱數位轉型以扭轉局勢。

轉型方向

百事投入數位轉型後,在營運優化、服務創新上都可看見成效。首先,百事導入人工智慧的機器學習技術作為輔助,在樂事薯片加工系統中,採用雷射「打擊」薯片,然後採集傳回的聲音來判斷薯片紋理,利用機器學習演算法分析聲音信號來判斷薯片紋理,以實現自動化品質檢測,節省大筆成本。

百事集團建構雲端數據分析平台 PepWorx,透過數據分析推薦零售商最需備貨的商品、商品的最佳擺放位置、最佳促銷方案。例如,在桂格推出其早餐燕麥粥時,就利用該平台從美國 1.1 億家庭中篩選出最可能購買該產品的 2400 萬個家庭,並找到這些家庭最常去的購物場所,到現場進行促銷以吸引顧客購買,在產品首推的 12 個月內幫助其提升了 80% 的銷量。另亦開發結合人類的洞察力與演算法的內部技術平台 Ada,提升人工智慧的學習能力,實現「增強智慧」,透過各種來源數據的蒐集與判斷,讓公司在經營的各方面包括創新、設計、研發、價格決策等,都獲得精進與效率提升。

此外,在跨入零食餅乾市場後,百事便與 Robby Technologies 合作研發自動送貨機器人 Snackbot 提供校園配送服務,學生們只要先透過

手機 App 下單購買零食，送貨機器人就會將購買的食品送到目的地。該款送貨機器人充一次電能跑 20 英里，可支援校園內 50 多個地點，且由於配備的前車燈和全六輪驅動，夜間、雨天或是人行道都可暢行無阻。

轉型啟發

百事全方位策略下的產品線，不僅扭轉可樂所帶給消費者的不健康形象，也使得百事公司發展為橫跨飲料和食品業務的集團企業，並且有能力在面臨市場變化時，彈性地提出更多相應的解決之道。

在運用先進數位科技，進行數位轉型上，百事集團亦不落人後，一手打造了多款人工智慧解決方案，包含自動銷貨機器人、智慧生產控制系統、內部技術平台及大數據分析平台等。由此可見，百事不僅僅將 AI 運用在生產鏈上，就連研發及銷售都包含在內，可說是將 AI 運用得淋漓盡致。也因為將人工智慧和大數據充分應用在生產和經營的各個環節，即便百事旗下擁有百事可樂、佳得樂、純果樂、立頓、菲多利、桂格等眾多品牌，在商品必須源源不斷地銷往全球 200 多個國家的情況下，仍然可以有效地掌控並出貨。

18. JR 東日本（JR-EAST）

公司簡介

日本國有鐵道為早期日本三個（專賣公社、國有鐵道、電信電話公社）由國家出資經營的「公共企業體」之一，於 1949 年 6 月 1 日成立。由於負債等經營問題，日本政府於 1987 年 4 月 1 日將國鐵解散，並分

割為 7 家政府出資的「JR」鐵路公司，包含 6 間鐵路客運公司，以及 1 間鐵路貨運公司，其中 JR 東以日本東部為營運範圍，為 JR 集團中營運規模最龐大的公司，在東京首都圈擁有龐大的鐵路運輸路網。

因坐擁首都圈的車站與路線，JR 東日本是 JR 集團中最早開始經營跨領域事業且最有本錢能拓展多角化事業的。在 2000 年之後，JR 東日本將事業板塊分為三大事業體，分別為鐵路客運、生活服務事業及 Suica。

轉型動機

2017 年 JR 東日本成立 30 週年提出公司新願景「Ticket to Tomorrow」，提出三個關鍵優先任務：1. 升級安全穩定的運輸服務；2. 提高盈利能力；3. 朝向提供顧客高品質服務的目標前進。

從上述三個優先任務研判，JR 東面臨轉型的主要因素有二：1. 勞動人口減少，面對線路設備老化、人手不足的問題，希冀利用新科技進行鐵路客運的維修及提升安全性，以提供更安全高品質的服務；2. 透過提升多角化經營的生活服務事業及 Suica 的服務以創造更高的盈利。

2017 年 11 月 JR 東日本更針對其生活服務事業提出成長願景「NEXT 10」，並以「CITY UP！」為口號，目標「從車站建設的挑戰到生活的建設（城鎮建設）」以及「利用開放式創新來進行事業改革及創造」，致力於引領日本未來價值，最終希望生活服務事業營收在 2026 年能成長至 1 兆 2,000 億日圓，為 2016 年營收的 1.5 倍。

轉型方向

JR 東日本轉型方向最主要是從既有鐵路運輸業務及相關延伸產業

出發，導入新技術或新服務，透過數位轉型來進行「營運卓越」。其中又可再分為「鐵路軌道」和「車站服務」兩個面向。

鐵路軌道面，JR 東日本主要解決鐵路軌道維護的痛點。JR 東日本導入輕量的小型感測晶片在交通電錶，透過晶片的測量快速偵測電流和功率，檢測大電流洩漏和防止觸電事故等，有助於鐵路維護進行遠端監控；另外，導入 AI 解決方案，針對新幹線擁堵預測、交通標誌即時顯示，以及融雪機啟動的最佳時機。

車站服務面，JR 東以人來人往的車站作為節點，為 JR 東日本旗下的餐飲品牌於車站內的店舖，導入兼容 Suica 結帳的自助點餐及支付機器，透過這些自助服務的導入，能串聯旗下零售與支付系統，提升店舖的效率與節省人力。此外藉由縮短點餐與支付的流程時間，能獲得因趕時間無法排隊等待餐點的旅客青睞，增加客流量。

轉型啟發

日本面對鐵路設備老舊和人口老化勞動力不足的難題，為了提升交通運輸的安全性，積極導入資通訊技術以及早偵測異常，來提升設施安全性；此外，面對未來越趨龐大的載客量，透過數位科技能預測及判別流量，來提供更智慧和更有效能的服務。

過去 JR 東日本以多角化經營、投資各類型事業作為企業轉型的手段，然而隨著時間與技術的演進，JR 東日本開始導入新興數位科技於多角化事業，並以車站為平台場域，在車站內的周邊事業導入科技。如此短期能提升營運效率，長期而言，JR 東日本策略目標為以提供便捷服務，提升旅客的黏著度，並藉由車站內零售及支付技術，持續累積金流與資訊流，拼湊出消費者輪廓。從 JR 東日本的數位轉型布局可看出

其野心為利用科技應用將旗下交通、零售與支付資源整合,打造貼近旅客的交通生活圈。

19. 匹茲堡大學醫學中心(UPMC)

公司簡介

University of Pittsburgh Medical Center(簡稱 UPMC)於 1893 年成立於美國賓夕法尼亞州匹茲堡,前身為路易絲萊爾醫院,1927 年併入匹茲堡大學成為其附屬醫學中心,是全美知名的醫療保健與保險業者之一。UPMC 連續 16 年在《美國新聞與世界報導》被評選「美國最佳醫院」榜單中前 20 名,2018 年收益達 200 億美元。

UPMC 旗下主要有 4 種營運單位,分別為 1. 醫院及醫學中心:包含大專院校醫學中心、社區醫院、專業醫院、家庭護理等各類型的醫療服務;2. 保險服務公司:為企業提供員工及醫療保險及政府的醫療保險援助計畫等;3. 國際化部門:鏈結世界各地的合作夥伴提供實用的醫療保健和管理服務;4. 創新和商業化部門:投資與輔導「基因翻譯科學」及「數位醫療解決方案」兩類新創夥伴。

轉型動機

在 2006 年,UPMC 發現在就醫各流程中,病患從診前到診後分別遇到許多不同的痛點。在「診前」階段病病患通常需要花費長時間排隊掛號等候,病患花時間回診或定期追蹤意願降低,導致病情惡化後,醫護人員要花更多的時間與精力去醫治及照顧;在「診中」階段,醫生除

了需要跟病患解釋病況、開立處方、提醒注意事項之外，同時也需花時間輸入電子病歷，對醫生造成額外的負擔；在「診後」階段，在醫療支出不斷提高的壓力下，如何有效控管成本並兼顧醫療品質是醫院的挑戰。因此 UPMC 在數位醫療領域投入了大量資金，希冀利用數位科技來解決問題。

轉型方向

觀察 UPMC 的數位化應用主要圍繞在改善就醫流程的痛點：診前、診中、診後，透過數位化來提高醫生和醫院的效率或降低成本，因此數位轉型的方向主要偏向「營運卓越」。

在「診前」階段，UPMC 導入遠距醫療平台，利用客製化的消費性電子產品（平板、手機、穿戴裝置等）、無線健康設備與雲端平台，提供家庭監控功能，如健康指導、護理計畫、與醫生視訊、健康教育影片等服務，同時結合健康和生命跡象感測器、電子病歷、個人健康檔案、健康資訊交流等資訊，讓病患與醫生可進行遠距監測服務。另外也提供虛擬護理及病患教育、遠距照護管理的功能，尤其針對慢性病患與充血性心臟病患，有助於提升醫生與護士的工作效率。

在「診中」階段，UPMC 導入人工智慧收聽和記錄醫生和病患互動的臨床平台。利用語音辨識和自然語言引擎記錄語音資訊，協助醫生在與病患溝通時，自動將對話紀錄成為電子病歷。通過自動記錄方式，醫生可以專注於與病患一對一的對話，無須分心做筆記，以提高治療效率與效果。此外該平台未來還能分析醫病間的對話，並從中學習，自動在電子病歷上提出診斷建議或後續治療註記，供醫師參考。

在「診後」階段，UPMC 開發成本管理系統，串接病患電子病歷系

統、醫院的財務成本報表、人力資源管理系統、總分類帳、供應鏈來源等各類數據，利用活動成本核算（Activity-Based Costing, ABC）與精準的成本解析（Cost Insights），分析醫療服務過程的實際有形與無形成本，有效控制成本減少浪費。

轉型啟發

根據 UPMC 的發布數據，導入人工智慧等新科技，展開數位轉型後，分別在三階段就醫流程帶來顯著的效率提升。在診前階段利用遠距醫療服務協助降低 76％的病患再住院率，同時降低醫護人員的負擔；診中階段有效節省醫生輸入電子病歷的時間，並提高醫生的工作效率；診後階段導入成本管理系統後，節省 500 萬美元的醫療耗材浪費。

觀察台灣醫療環境現況，目前已有部分醫院導入科技技術來協助醫院提高醫護人員的工作效率為病患提供更好的服務品質，但仍有部分醫院仍持保守態度，主因是醫院認為開發資訊系統的人不了解醫學知識與醫療流程。然而，長期來看，醫療資源供不應求的情形將日益嚴重，透過 ICT 來提升醫療服務效率的趨勢是不可避免的，因此仍須及早布局。

電子書
免費下載

數位轉型營運卓越案例：
無印良品

11
「顧客體驗」轉型案例

1. 星巴克（Starbucks）

公司簡介

星巴克成立於 1971 年，發源地與總部位於美國華盛頓州西雅圖。成立之初僅銷售咖啡豆，之後轉型為現行的經營型態，在快速展店下，成為美式生活的象徵之一，並以自營、合資或授權等方式，展開國際市場布局，目前是全球最大的連鎖咖啡店。此外，亦多角化經營跨足茶飲、食品市場。

2019 年《財富》500 強企業中排第 121 名，2018 財年營收 247.2 億美元，淨利 45.2 億美元，總資產約 2.6 兆美元。截至 2018 年 11 月，全球門市數共 29,324 間，其中 14,606 間位於美國、3,521 間位於中國大陸、988 間位於英國，10,209 間位於其他市場。

轉型動機

以往零售店提供顧客常見的購物流程，是當顧客於店內點餐完或選購完後，前往結帳櫃台前排隊等候結帳，在消費的尖峰時段，常出現大

排長龍等候結帳的狀況。

　　對商店而言，為因應結帳人潮便需要調度更多的人力，但此方法不只會增加人事成本，也未必能完全改善結帳效率不佳的問題，同時還會造成到店消費的顧客購物體驗不佳。另外，傳統上零售店對於到店消費的輪廓掌握相對有限，尤其是非會員的顧客更是難以掌握更進一步的資訊，這也影響了店家能提供客製化服務給顧客的深度。

轉型方向

　　為有效改善店內結帳效率，星巴克自 2009 年便領先市場，在美國西雅圖和海灣地區的 16 家門店推出行動支付服務，會員只需出示專屬的一維條碼給店家的 POS 機掃描，即完成結帳。2014 年 12 月星巴克再推出自家的「Mobile Order & Pay」App。會員透過此 App 點餐並預付款，到店時只需要向咖啡店店員取餐即可，而不需要排隊點餐，進一步改善結帳速度。

　　當會員使用星巴克行動支付 App 後，星巴克便能了解會員的點餐偏好，進而讓會員在未來到店時，能直接重複點餐。同時星巴克還能根據會員到店消費的頻率、地點、喜好，提供會員下次到店消費的優惠及專屬服務，提高顧客對星巴克品牌的忠誠度。

　　星巴克在美國率先推出的行動支付，能領先其他業者的關鍵，在於星巴克結合了會員獎勵機制。星巴克會員獎勵機制包含消費累積「星星」換取飲料、生日時的免費飲品兌換券以及偶爾的會員專屬優惠。

　　同時星巴克還與 Lyft、Spotify、New York Times 等異業夥伴合作，讓星巴克會員在使用夥伴企業的服務時，也能享有雙方企業的顧客優惠並加速累積星星。相較於純粹提供會員獎勵，星巴克將會員獎勵機制直

接結合行動支付 App，有效讓會員願意主動使用行動支付累積星星並兌換獎勵。

轉型啟發

星巴克的「Mobile Order and Pay」App，是會員獎勵機制結合行動支付與大數據分析的典範。對於零售店而言，導入或發展行動支付除有助於改善營運效率、節省結帳人力成本外，更重要的是優化顧客消費體驗，並透過累積會員消費大數據掌握消費輪廓，藉以發展出更多刺激會員消費行為的優惠獎勵等加值服務，進一步提高會員忠誠度，形成一正向循環。

台灣目前已有許多行動支付服務可供零售業選擇，面對行動支付逐漸普及的趨勢，零售業需思考如何將會員獎勵機制結合行動支付服務，提升消費者購物體驗。具規模的零售業者，可參考星巴克推出結合會員獎勵機制的自有行動支付服務，以減少對其他行動支付解決方案的依賴，或是進行跨業合作提供其他加值服務（如繳費、會員間儲值與點數轉帳等）。

2. 麥當勞（McDonald's）

公司簡介

麥當勞成立於 1955 年，是全球最大的連鎖速食店業者，主要販售漢堡、薯條、炸雞、飲料等。總部位於美國芝加哥，擁有超過 3 萬 6,000 間分店，遍布全球六大洲 119 個國家。2019 年，麥當勞是《富比士》

世界最有價值品牌排名第 10 名、《企業家》全球加盟經營 500 強企業第 1 名。

　　麥當勞的核心價值為品質、服務、衛生與超值,優勢為出餐快速、品質穩定、定位明確、餐飲品與服務的創新。近年,麥當勞積極結合數位科技以因應消費者習慣變化,例如行動訂餐、多元支付、自助點餐、外送平台合作等。

轉型動機

　　由於食安風波、營運品質效率、未掌握消費者的飲食習慣改變等三大因素,麥當勞在 2014 年和 2015 年出現歷史最糟糕的經營成績,營收衰退約 15%。食安方面,日本麥當勞因為使用來自中國的過期雞肉、漢堡中出現類似牙齒的異物等事件,導致品牌形象受損、民眾抵制、店鋪關閉等,2015 年出現成立至今最大的 300 億日圓赤字。

　　營運方面,因為規模發展太快速,導致缺乏高品質餐點、菜單複雜、結帳取餐效率不彰等問題。飲食習慣掌握方面,隨著市場變遷,麥當勞並未即時妥善地改變跟進,像是消費者訴求轉為講究快速便捷與新鮮健康,抑或是新興競爭者的市場分食等。因此,出現市場定位不明、無法反應市場需求變化、整體經營績效惡化等現象,成為麥當勞著手數位轉型的主要動機。

轉型方向

　　2015 年,新執行長 Steve Easterbrook 宣言新願景:「企業將轉型為現代且進步的漢堡公司」,將數位科技與數據導向視為改革關鍵。例如,

以數位、送餐和體驗為三大要素的「速度成長計畫」。運用數位科技解決「食物、營運、顧客掌握」三大痛點，以提升營運效率和顧客體驗，進而增加營收額與顧客群。

食物方面，麥當勞提供產銷履歷查詢服務，讓顧客掃描 QR code 即可得知食材相關資訊。同時，不僅強調有機或採用當地食材，也加入沙拉與水果等至菜單選項。

營運方面，麥當勞致力於店面數位科技普及化。藉此，改善營運流程改善、提升顧客點餐與取餐體驗。第一，菜單簡化、數位化。第二，線上、行動應用程式訂餐服務，以及外送平台 UberEats 服務。第三，店面的數位自助點餐設備、自動通知取餐螢幕，以及餐桌定位系統的送餐到桌邊服務。在美國已有 1 萬 4,000 家門市導入數位自助點餐服務，台灣則有 4 家。顧客可透過螢幕自助點餐並客製化，像是薯條不加鹽或漢堡不加洋蔥等。第四，多元支付方式，和國際三大電子支付、台灣電子票證合作。

顧客掌握方面，麥當勞透過社群媒體與行動應用程式以增加顧客互動，並蒐集與分析顧客數據。例如麥當勞報報 App，結合天氣預報、每日優惠券與麥當勞點點卡積點等，以及具備訂餐功能的麥當勞歡樂送 App。此外，收購研發人工智慧的 Dynamic Yield 公司，增加個性化的科技應用。舉例而言，根據天氣、門市人流和消費者習慣進行即時推薦個人化菜單。藉此，掌握顧客的傾向與喜好，也提升反應市場變化的速度。

轉型啟發

轉型前，麥當勞面臨營收衰退；轉型後，2015 年起連續三年的營

收正成長，並取得《企業家》全球加盟企業 500 強冠軍殊榮。

　　建議台灣業者，透過人工智慧預測、行動應用、多元支付等科技，進行顧客體驗創新、品牌形象改善、營運效率優化。以麥當勞為例，從顧客角度出發，思考數位科技之導入，增加顧客互動管道並進行數據分析，強化顧客掌握能力。改善點餐用餐體驗與效率，從店員點餐轉為自助點餐、從現場點餐轉為行動點餐、從叫號取餐轉為螢幕通知取餐、從現金支付轉為多元支付等。藉由以上改變，洞察市場需求變化，提供契合的產品和服務，優化客戶體驗，進而提升營運效率。

3. 富國銀行集團（Wells Fargo）

公司簡介

　　1852 年 Henry Wells 和 William Fargo 於美國紐約成立 Wells, Fargo & Co.，從成立到 1918 年間，Wells, Fargo & Co. 透過驛馬車隊協助顧客運送貨幣和貴重物品到鐵路或輪船難以到達之地。1998 年被 Northwest Bancshares 收購後，改名而成今日 Wells Fargo。

　　Wells Fargo 是一家多元化金融集團，其業務範圍包括投資、保險、抵押貸款、專門借款、公司貸款、個人貸款和房地產貸款等。Wells Fargo 於 2018 年《財富》500 強企業中排名第 26 名，總營收 977 億美元，淨利 222 億美元，總資產 1 兆 9,518 億美元。且其存款方面的市場占有率在美國的 17 個州都名列前茅，目前為美國西部信貸服務的指標性企業之一。

轉型動機

對於傳統銀行來說，提供顧客便利的服務意味著在顧客鄰里開設分行或設立 ATM，接著演變成透過電話、網路或是行動電話提供服務。現在 Wells Fargo 要在顧客想要的任何時間、任何地點及任何方式滿足顧客需求。

早在 1888 年 Wells Fargo 即揭露「重視所有客戶」的企業文化願景，至今仍為其重要的核心理念。因此，Wells Fargo 追求的創新並非提供最新的科技或技術，而是以顧客需求為導向，提供便利和簡單的方式，讓顧客與 Wells Fargo 聯繫並進行銀行業務，最後透過提供超越客戶期望的服務，建立長期穩定的關係。

轉型方向

Wells Fargo 成立人工智慧企業解決方案團隊，研究人工智慧如何改善銀行業務流程，目標是讓客戶的財務生活更輕鬆，提供更個人化和更符合客戶需求的體驗。主要應用有以下三點：

客戶服務方面，Wells Fargo 將內部系統 API 化，透過 Facebook Messenger 平台試用人工智慧聊天機器人 Chatbot。Wells Fargo 透過 Chatbot 與用戶交流，可大幅縮短客戶等待回應的時間，還可以為客戶提供帳戶訊息並幫助客戶重置密碼等服務，隨時隨地解決客戶問題。雖然目前 Chatbot 已相當普及，但是 Wells Fargo 的目標並非只是單純的回應問題，而是強調客製化，期望針對不同用戶的喜好和溝通習慣，提供專屬的 Chatbot 服務。

投資平台方面，Wells Fargo 推出名為 Intuitive Investor 的智慧投顧

平台，目標是服務「千禧世代」的客戶群。對千禧世代來說，人生很多的第一次經歷大都與網路密不可分，Wells Fargo 認為很多年輕人已經開始醞釀人生的第一次投資理財，而智慧投顧平台正符合其慣於使用網路的特性。

　　服務品質方面，透過 Wells Fargo 的人工智慧演算法，可以自動進行常規資料的分析，分析師則專注於尚需要人工洞察和服務的項目。根據 Wells Fargo 的內部指標顯示，這使得分析師的報告和其他產品的質量提高 30％，有機會提升客戶的再購買率，分析師也能有更多時間經營與客戶的關係。

　　此外，Wells Fargo 鼓勵員工提出創新構想，許多創新點子皆透過內部計畫而來，例如創新社團、iWeek、黑客松競賽等，讓員工更輕鬆地分享創新想法，並與可以幫助實現這些想法的關鍵業務負責人建立聯繫管道。同時，與公司外部的創新者共同探討重要創意，共同塑造未來的客戶體驗。

轉型啟發

　　Wells Fargo 的核心理念是無論隨時隨地滿足顧客需要，即時與顧客進行互動並提供快速、簡單的服務。人工智慧成為 Wells Fargo 在日常作業、自動化風險管理的「大腦」，為顧客創造了更多無縫體驗和提供更高階的金融服務，同時降低內部員工繁瑣的工作負擔。

　　台灣金融業者可以借鏡 Wells Fargo「重視所有客戶」的服務理念，以顧客需求為導向，思考運用科技提供簡便且超越客戶需求的服務，以爭取、維繫客戶關係。

　　此外，在發展創新服務方面，可學習 Wells Fargo 提供內部員工不

同計畫或競賽來激發員工創意,同時給予員工管道向關鍵領導者提案,使其有機會與資源付諸實現,以不同的方式思考客戶的需求,和同業做出市場區隔。

4. 德國鐵路(Deutsche Bahn)

公司簡介

德國鐵路(簡稱德鐵)公司是歐洲最大鐵路營運與建設商,總部位於柏林。雖然 1994 年整併東、西德鐵路公司,面臨兩德經濟與技術落差,歷經整合陣痛期,但由於屬於國營事業,長期仍享有市場獨占優勢。

除鐵路業務之外,德鐵也有巴士和電車等其他長途運輸和城市運輸等,旗下八個主要業務部門,包含客運方面的 DB Long-Distance、DB Regional、DB Arriva;貨運物流方面的 DB Cargo、DB Schenker;以及基礎設施方面的 DB Netze Track、DB Netze Stations、DB Netze Energy,其中,客運類業務占集團近半營收。目前每天在歐洲在運送 1,250 萬名鐵路與公路乘客,每年運送超過 2.7 億噸貨物。

轉型動機

2010 年,德國聯邦政府決議開放長程巴士市場,取消德鐵長期在鐵路與客車等各類型長途運輸網的市場壟斷地位。在此狀況下,新創巴士公司 Flixbus 趁勢成立,自 2013 年法規正式上路以來,透過全方位針對德鐵在路線網、價格、服務上的多項劣勢,展開計畫性布局,2016 年 Flixbus 已取得德國 90% 長程巴士市占率,儼然成為德鐵的一大競爭

對手。

　　除了長程巴士法規鬆綁、新創業者快速崛起的直接衝擊外，德鐵近年還面臨低油價與交通規費、新創共享運輸服務平台崛起等各種挑戰，民眾在交通移動的選擇上越趨多元；加上歐洲近年極端氣候與德鐵自身頻繁罷工事件的影響，導致了多起大型交通停擺事件，都讓德鐵不斷流失客源，不再是民眾的優先選項。2015 年德鐵虧損達 13.1 億歐元，為 2003 年來的首次虧損。

轉型方向

　　顧客不斷流失、德鐵深感危機之際，於 2014 年啟動「數位化（Digtalisierung）」計畫，預計至 2018 年投入 10 億歐元，規劃「移動」、「物流」、「基礎建設」、「生產」、「IT」、「業務」等 6 大主軸的轉型，導入 AI、IoT、區塊鏈、自動駕駛、3D 列印、AR ／ VR 沉浸科技等技術，應用在 150 個以上的項目。

　　尤其面對市場競爭，德鐵轉型也首重提升顧客體驗。首先，從車站大廳開始，就配置「SEMMI」接待機器人，能夠以德、英、日語等回答旅客問題，並有不同互動反應。

　　在月台方面，德鐵打造的「智慧發光月台」能夠預判列車到站停抵及車門位置，在地上顯示相應燈號，並以不同顏色呈現各節車廂的滿載程度，分散月台人潮並節省乘客上車時間。

　　列 車 上， 則 有「DB Navigator」App， 其 中「KCI」（Komfort Check-In）服務，允許乘客坐定所劃座位後自行報到，節省列車員查票時間，也讓乘客在旅程中不受打擾；加上「ICE Portal」，提供報刊、有聲書，以及影視內容等車內娛樂選擇。

從車站、月台,到列車上,德鐵都嘗試為乘客打造一段便捷的交通運輸體驗。值得一提的是,德鐵的數位化計畫在其他營運面向,也有不少新興科技的導入,例如在基礎建設管理方面,利用 3D 列印舊式車廂已不再生產,或更換等待期間太長的零件,以及導入無人機監測軌道安全等。

轉型啟發

德國政府對於長程巴士法規的鬆綁,使得德鐵核心業務之一面臨市場開放的競爭,加上當今多元的交通選擇衝擊之下,顧客不斷流失。德鐵在此時選擇投入整體性的轉型計畫,透過多項數位化與科技應用,期望在客戶體驗等各個面向有所提升。

我國台灣鐵路局連續虧損超過 30 年,累積負債已突破新台幣 1,000 億元。同為國營事業的台鐵,除自身硬體設備與其他組織結構問題等,也面臨自用汽車、其他公路客車,乃至城市捷運、高鐵等的競爭,且近年在安全性問題上多有讓民眾不感信賴之處,相對德國鐵路在面臨顧客流失之際,所進行的大舉數位轉型計畫,或有百年老號的台鐵值得借鏡之處。

5. 耐吉(Nike)

公司簡介

Nike 創辦人 Phil Knight 因個人參加跑步比賽的經驗,以及看好日本運動鞋的在美國市場的發展潛力,成為日本廠商 asics 在美國的代理

商 Blue Robbin Sports。直到 1971 年因與代理品牌關係轉壞，創立 Nike，自行投入設計、開發、銷售體育用品，產品包含服裝、運動鞋、配件等。

Nike 在 2019 年全球品牌調查中排行 17，而在運動品牌類項排行第 1。根據其 2018 年財報揭露，在美國市場的授權店家數為 392 家，美國以外的店家數則為 790 家；而在生產工廠的部分，在全球 13 個國家有 124 間工廠。

轉型動機

Nike 為運動用品市場的領導品牌，但近年來受到主要競爭者 Adidas、後起品牌 Under Amour 的追趕，開始關注全球化市場及特殊利基市場產品。從銷售數字觀察產品在區域別、產品類別消費的差異，如新興國家、女性運動、運動服飾等，擬定更貼近消費者、更了解消費者需求的發展策略。

過往行銷傳播透過傳統媒體廣播、電視大量曝光，然而消費者生活型態受到科技演進影響，網路、手機是生活接觸中不可或缺的一環，成為行銷最直接的接觸點。Nike 一開始便透過手機 App 連結消費者，成為與消費者互動，以及傳播品牌資訊的管道。

除了行銷外，在生產端，Nike 以全球供應鏈推動反向生產，增加生產效率並貼近消費市場，亦加劇生產與管理的挑戰，而近年受到極端氣候影響，生產原物料價格波動，使得生產增加不確定性。

轉型方向

面對來自外在環境、市場競爭等挑戰，Nike 自 2015 年啟動數位轉型，目標在 2020 年成長營收成長至 500 億美元。在 Nike 價值創造的過程中，透過 The Consumer Direct Defense 策略，串聯產品設計、生產、銷售等不同功能，以期更貼近消費者，回應市場需求。

Nike 以 Nike Digital 部門管理 Nike App，而過往 Nike 打造運動教學與訓練紀錄的 App，如 NIKE+ Training Club（NTC）、NIKE+ Run Club（NRC），透過健身或是慢跑等運動項目為核心，吸引消費者使用，App 中提供訓練影片、運動成績紀錄、社群分享等功能，一方面拓展品牌形象，另方面藉此了解消費者運動習慣，並藉以開發新產品服務。

除了透過數位化了解消費者外，Nike 也藉由數位工具和消費者溝通，如商品客製化網站、專屬產品線 App，如 SNEAKERS、Nike Adapt App 以觀察新世代的消費者追求潮流、個性化，因此以線上訂製、閃購的方式刺激消費者購買。消費者在線選擇商品的型號、顏色、裝飾，完成一款個性化特製高的產品，或是因為網站或 App 的提醒，取得獨家限量商品的搶購資格。

Nike 透過線上搶購、客製化，贏得在消費者心中的心占率，而線下與消費者、零售商的關係，則需要透過直營店及關係夥伴合作特別經營。特殊直營店結合科技，使用多樣化的多媒體展示，如互動式螢幕、大螢幕、投影展示等，讓消費者藉由虛實融合的互動，增加品牌認同。儘管 Nike 全球策略希望透過直營店經營，直接掌握銷售數字，然而，特殊市場仍須和關鍵夥伴合作，如中國大陸最大的銷售通路天貓，Nike 採取和天貓合作線下直營店，達成線上與線下通路整合。

轉型啟發

數位轉型不應只是單點數位科技的導入，Nike 受到外在環境變遷壓力後，以組織之力發展 The Consumer Direct Offense 策略，數位轉型策略圍繞消費者，同時串聯產品設計、生產、銷售等價值鏈創造環節，讓數位轉型為整個組織的目標。

以消費者為核心的數位轉型，為透過數位工具的導入，建立與消費者溝通的管道，並蒐集數據進行分析，反饋營運策略。消費者使用習慣、零售門市銷售數字等消費者資料的蒐集，推動從需求端出發的生產模式；而消費者生活型態的改變，使企業從 App、客製化網站、虛實整合零售店重新接觸消費者。

國內業者可從觀察消費者生活型態作為轉型的依據，依照導入所需資源與困難度，先從進入障礙較低的虛實整合出發，優化消費者體驗；再視內部外部資源取得，將線上或線下蒐集的消費者數據導入設計或生產。

6. AGL Energy

公司簡介

AGL Energy 前身為澳洲氣體照明（Australian Gas Light, AGL），早於 1837 年創立，是澳洲歷史最悠久的能源業者。澳洲於 1990 年代初期即開始推展電力自由化改革，1998 年國家電力市場成形，發電事業與售電事業切割，爾後又因批發電力價格高漲等因素，興起發電與售電業者再結盟整合的風潮。

AGL 業務範疇即涵蓋發電、配電與售電，及天然氣配銷與零售。而在電力零售市場上，AGL 與 Origin Energy、Energy Australia 合稱「BIG 3」，在澳洲具有舉足輕重的地位。目前發電量達 10KMW 以上，占澳洲電力市場的 20%，用戶數達 370 萬，包含一般住宅、大中小型企業及電力批發商。

轉型動機

BIG 3 除了巨頭之間的競爭與寡占地位衍生的爭議性問題之外，近年也出現一些新興零售業者，導致三巨頭市占率已有逐漸下滑的趨勢，特別是在自由化程度較高的州別。這些新興業者通常具有一些共通特性，第一是將再生能源列入消費者可選擇的方案中；第二是將支付系統行動化，讓消費者可透過智慧手機等行動裝置直接選擇方案與付費；第三是與許多異業業者合作，推出各式商品搭售電力的促銷模式。

因此，AGL 在零售端巨頭之間的競爭與新興業者的積極發展，乃至於電價高漲（2009 至 2018 年平均上漲 75%，南澳家庭電價全球最高）帶給用戶龐大負擔等課題下，為鞏固其龐大的事業，AGL 持續推動數位科技的導入，在 2016 年開始投入 3 億澳元開展「數位轉型計畫」，期望達成優化，乃至帶給用戶嶄新的顧客體驗等目的。

轉型方向

在提升顧客體驗方面，2015 年 AGL 即發表免費的 App，為三巨頭中最早推出者，為其數百萬的住宅用戶提供能源可視化等許多便捷的服務。用戶可透過行動裝置觀看其能源消耗與費用資訊、進行費用支付，

以及查看未來費用預測訊息。而已裝設智慧電表的用戶，更可以看到不同時點的電力消耗資訊，並從其他加值功能（如預算超額、繳費時間警示）中受益，幫助用戶更方便、更快速地管理與支付電費。

2017 年在「數位轉型計畫」支持下，AGL 進一步為住宅電力用戶推出智慧節能服務 Energy Insight，用戶在設置智慧電表（且未建置太陽能電池），同時註冊其 eBilling 帳戶後，即可使用該服務。具體而言，Energy Insight 主要連結智慧電表數據、家庭詳細數據、當地天氣數據，透過獨特的演算法進行能耗解析，推估 12 種設備類型（如電熱水器、洗衣機等）的能耗狀況，幫助用戶更好地控制用電成本、建立節能計畫，以及費用的預測。

另一方面，AGL 除不斷優化其線上即時客服，也推出 AGL Community，幫助連結對於 AGL 相關能源服務有興趣的消費者。而為了讓用戶更靈活便利地解決能源管理問題，AGL 進一步連結 Google 與 Amazon 的智慧語音功能，用戶只需將其 AGL 帳戶與 Google Assistant 或 Amazon Alexa 連結，即可透過語音詢問，獲得諸如節能策略、帳戶餘額等相關回應。此外，AGL 於 2018 年開始向切換其新能源計畫且符合條件的客戶，提供智慧設備 Amazon Echo 與其他電力優惠服務。

轉型啟發

AGL 在 2015 年後加速運用數位科技，並取得不錯的轉型成果。以顧客體驗面的成果來看，根據官方 2017 年度資料顯示，AGL 電子帳單已約占總帳單一半，行動應用下載人數已達近 20 萬人，並預期在 2018 年成長至 36.6 萬人次（約成長 24%）。

而透過行動應用與其他客戶便利服務，讓客戶抱怨人數相較 3 年前

下降近 5 成、零售商數位應用推薦分數顯著提升、新顧客加入與舊顧客保留率合計提升 32%、顧客流失率保持在 15%（市場平均約 25%）等成果，顯見其新舊客源的掌握已較過往有著顯著成效，值得我國電業因應自由化政策和經營低壓用戶市場借鏡。

7. 樂高（LEGO）

公司簡介

1932 年樂高創立於丹麥，起初樂高聚焦於發展木製兒童玩具，直至 1958 年樂高將 LEGO bricks（以下簡稱積木）作為公司核心產品，因其安全、無暴力、容易清洗等特性，加上可讓兒童發揮創造力、想像力，以及獲得學習體驗，而受到父母的青睞。

目前已擴張成為一間國際級玩具製造商，近年亦朝向電影、遊樂場、行動應用等，進行多元布局。2018 年樂高在美國與中國市場支撐下，營收獲利同步成長，營收達 55.5 億美元，淨利達 8.7 億美元。

轉型動機

1988 年後，樂高一方面受到積木專利到期導致模仿廠商如雨後春筍般冒出，市場競爭日益激烈；另一方面隨著數位科技快速發展，電動玩具（例如：Play Station、Xbox）快速地吸引兒童目光，導致樂高經營逐步陷入泥淖，甚至在 2004 年虧損近 3 億美元，創下歷史最高虧損。

在面對創立以來最鉅額虧損，樂高於 2004 年起進行了一系列數位轉型，帶領公司轉虧為盈，並於 2016 年創下上市以來最高獲利；2018

年世界品牌獎項（World Branding Awards）得主中，樂高更是唯一上榜的玩具製造商，獲得世界品牌獎代表該品牌能帶給消費者具優質體驗與創意的產品服務。

轉型方向

數位轉型策略一「跨虛實」：運用行動裝置、AR 技術，補足傳統玩具缺口。

樂高最具代表性的產品為積木，透過積木千變萬化的組合成功吸引兒童目光，但隨著數位遊戲產品（例如：電動玩具）發展，實體積木對於兒童的吸引力逐漸褪色，因此樂高企圖藉由資通訊產品與實體積木連結，打造出跨越虛實界線的積木娛樂。

面對數位遊戲的衝擊，樂高將自身產品與行動裝置、AR 技術結合，例如：LEGO BOOST 讓玩家透過 App 編寫程式操控樂高玩具、LEGO AR Studio 運用 AR 技術讓樂高動起來。樂高運用新興技術補足傳統玩具痛點，透過應用程式與積木連結，讓積木變成一個互動性產品，甚至建立關卡與積分機制，透過孩童的求勝意志，提升孩童重複玩積木的次數。代表產品服務包含 LEGO BOOST、LEGO Life of George、LEGO Fusion、LEGO AR Studio。

數位轉型策略二「跨領域」：IP 延伸至電影、社群，導引消費由虛入實。

隨著數位科技的發展，數位內容相關產品服務逐漸成為陪伴孩童成長的重要夥伴。面對不可逆的市場趨勢，樂高勇於擁抱跨領域數位產品，以自家招牌產品「積木」為核心延伸至數位產品，透過數位產品吸引孩童目光，成為孩童接觸樂高的閘口，由虛入實進一步吸引孩童購買

積木。此外，透過跨領域的布局，亦可讓孩童接觸積木時能聯想到周邊的數位產品，孩童對於樂高的印象將不再只是過時的傳統玩具，而是一個符合數位潮流的產品。代表產品服務包含 LEGO Movie、LEGO Life。

數位轉型策略三「跨人才」：建立開放式創新平台，由消費者自己設計產品。

樂高積木仰賴設計師設計出符合市場期待的產品，若設計師無法正確抓準市場偏好，將不利於樂高產品的銷售。為解決此問題，樂高藉由廣納各式素人，讓各行各業素人成為設計師，使樂高能更貼近市場。代表產品服務包含：LEGO Ideas。

轉型啟發

在面對數位經濟浪潮下，樂高運用電玩、應用程式、擴增實境 AR 等新興數位科技結合實體積木，讓玩家也能有視覺、聽覺的體驗，甚至透過行動裝置與實體積木互動，改善傳統產品的痛點，創造截然不同的玩樂體驗，在不改變產品本質下加值新興科技讓產品浴火重生。

此外，觀察樂高跨領域的布局策略可發現，即便樂高發展了有別於過往的產品領域，仍全都與本業「積木」做出連結。因此，雖然樂高的產品領域逐步多元化，但消費者仍能清楚認知樂高是一間積木製造商，樂高的品牌形象並未因為產品的多元化而失焦，反而善用了多元化策略將消費者目光導流回積木，帶動本業業績持續成長。

8. 宜家家居（IKEA）

公司簡介

　　IKEA 是一家跨國家具與生活用品零售商，1943 年 Ingvar Kamprad 在瑞典成立，原本是一家雜貨店，後來逐漸專注於家具與家飾品銷售，以平價且富設計感的商品為特色，透過開設大型賣場以情境式的陳設，吸引消費者目光並引發消費動機，逐步打造全球家具帝國。

　　2018 年 IKEA 全年營收達到 388 億歐元，目前在全球 50 個市場有 422 家分店，其中 2018 年在全球有 18 家新門市開幕，包括在 Hyderabad 開設了印度的第一家賣場。

轉型動機

　　網路經濟興起對於實體通路造成重大挑戰，儘管產品不變，但通路、行銷手法、顧客服務方式都被徹底顛覆，加上熟悉數位工具的新進競爭者帶來的新平台與替代品更是無孔不入，使得既有業者雖有先入優勢，卻因為遊戲規則的破壞而面臨經營威脅。

　　IKEA 向來以訴求北歐風格的實境陳設為最大魅力，讓消費者沉浸其中進而自然地產生產品的購買意願。然而，當顧客越來越習慣在電腦、智慧型手機等數位載具上瀏覽並購買商品，使得在賣場中可看、可觸摸、可坐臥的商品，成為螢幕上的二維圖像，原本得以與與競爭者區隔的差異化優勢幾乎消失殆盡。此外，智慧家庭的發展也開始從家電延伸到生活用品的智慧化，如照明系統、視聽用品的智慧控制，驅動

IKEA 從通路到產品開始積極思考數位轉型策略。

轉型方向

IKEA 的數位轉型方向主要偏向「客戶體驗」，為因應數位通路與數位服務的興起，過往專注於實體零售的 IKEA 也開始希望藉由數位化工具提升各環節的消費體驗。

在瀏覽體驗方面，2017 年 10 月上架的 App「IKEA Place」讓使用者可以瀏覽並選擇感興趣的家具，透過相機功能即可將家具以 AR 的方式擺放到所處空間中，尤其此版 App 具備 true-to-scale 功能，意即家具能以貼近真實大小的規格放置在所處的實體空間中，讓用戶得以確認擺放於家中空間的效果，進而提高購買意願。

在售後組裝服務方面，IKEA 也藉由併購來加速調整體質，例如 2017 年 9 月 IKEA 收購勞務支援平台 TaskRabbit 成為旗下子公司。TaskRabbit 提供更即時且更平價的家具組裝修繕、清潔工作甚至各式勞務的媒合服務，此將有助於 IKEA 優化平台維運與家具組裝等售後服務。

此外，2019 年 8 月 IKEA 成立新的事業部門 IKEA Home Smart，專注智慧家庭領域的經營。事實上 IKEA 早已著手相關布局，例如 2017 年 4 月推出可支援 Apple、Amazon、Google、小米的智慧家居系統的智慧照明產品 Trådfri，2019 年以來更是動作頻頻，包括與音響品牌 Sonos 於四月推出的音響產品 Symfonisk，以及 6 月與新創公司 Ori Living 合作推出的家具模組 Rognan，並於 10 月推出首款智慧窗簾 Fyrtur。有別於目前市面上智慧家電的高價位，IKEA 的智慧產品定價相對低廉，具有一定的價格競爭力，希望在家具產品本身上也能夠提供

更多元的選擇與體驗。

轉型啟發

　　台灣的家具產業曾經相當興盛,一度是全球第三大家具輸出國,近年雖然榮景不若當年,但仍保有優質平價的競爭力,且不乏致力於發展品牌的業者,除了透過展店延伸通路與品牌價值,亦積極發展線上通路以爭取習慣網購的下世代消費者。

　　相較於 IKEA 從通路和產品著手數位轉型,台灣業者在後者的布局較少,主要是因這方面布局從設計到製造,都需要具備相當程度的數位基因,因此國內多由資通訊業者從事相關開發。在國際業者的積極布局下,未來智慧家庭市場規模可望進一步擴大,建議國內家具業者與資通訊業者可透過合作開發實驗性商品,或透過創新競賽等方式徵求提案,及早布局智慧家居領域的潛在商機。

9. Live Nation

公司簡介

　　Live Nation 在 1996 年於美國創立,業務包括現場音樂活動製作與錄製和場地管理,在 2010 年與票務公司 Ticketmaster 以 25 億美元進行全股票交易合併,並共同納入 Live Nation Entertainment 母公司旗下。Live Nation Entertainment 業務包括售票、演唱會、藝人經紀和媒體／贊助四大面向。

　　根據網站公布資料,Live Nation 每年於 40 個國家舉辦 35,000 場演

出，吸引 9,300 萬粉絲參與，平均每 16 分鐘，地球某處就有一場 Live
Nation 舉辦的活動。近年來，Live Nation 積極導入新科技與演唱會、
電子票務結合，藉此持續強化演唱會相關服務、強化粉絲現場體驗並布
局更多元的商機。

轉型動機

現場音樂市場日益蓬勃，市場成長速度超越數位或實體音樂成長，
為確立核心業務，Live Nation 陸續與歌手瑪丹娜（Madonna）、夏奇拉
（Shakira）、傑斯（Jay Z）等人進行巡迴表演、周邊商品與音樂相關
業務簽約，並與電子音樂節製作團隊 Insomniac Events 進行戰略合作。
然而，面對演唱會之外的相關業務，如虛擬實境、直播等科技，過去由
於擔心影響演唱會票房，因此缺乏相關開發。

不過，隨著體驗娛樂的興起，觀眾尋求不間斷的娛樂體驗，從第一
現場（如演唱會場）到第二現場（如家中），並導引至下一次的現場體
驗，加上科技帶來跨平台的數位內容需求（虛擬實境、社群媒體），
Live Nation 急需開發相關數位科技。此外，如何強化線下體驗，讓粉
絲持續購票入場，並認同活動中相關品牌、廣告與藝人，提升廣告效益，
也成為活動主辦單位的重要問題。

轉型方向

面對如何將現場展演提供的內容延伸至數位平台，藉此提供不在現
場或對於數位內容有需求的粉絲體驗，Live Nation 正視社群媒體與虛
擬實境功能，同時定義「現場展演為最終與粉絲連接的活動，而數位平

台則是促進粉絲參與現場活動的加速器,可延伸現場展演的體驗與商機」,因此數位轉型方向主要偏向「顧客體驗」。

Live Nation 透過經營數位平台,讓粉絲持續投入時間接觸活動訊息、與音樂社群互動並延伸、分享現場活動記憶。此外,透過與三星合作,推出酷玩樂團(Coldpaly)演唱會虛擬實境 VR 直播,全球各地超過 50 個國家的 Gear VR 用戶,可在全場最佳位置如臨現場,體驗酷玩樂團的表演魅力,且完全不必額外付費。

至於如何更有效強化整體娛樂各環節的體驗,Live Nation 則透過持續導入新科技提升功能,如投資臉部辨識技術公司 Blink Identity,藉此讓用戶未來可以「刷臉入場」、針對場館的 Wi-Fi 設施進行補強、透過 App 提供粉絲可直接找到座位、訂購紀念品或升級座位,以及推出擴增實境服務,為演唱會粉絲提供現場音樂體驗等,同時也針對門票盜用或詐欺問題,由旗下 Ticketmaster 與區塊鏈公司合作解決票務問題。

轉型啟發

音樂展演產業方興未艾,面對後進競爭者的挑戰,Live Nation 認為必須透過持續的技術變革或創新才能持續維持競爭地位,透過科技輔助,將演唱會相關業務,從購票與入場延伸至完整的演唱會相關體驗,包括整體購票流程、表演節目、粉絲參與、數位內容及社群經營等,打造完整展演娛樂體驗流程,串連用戶與服務平台在線上與線下持續循環的娛樂體驗。

10. 國家籃球協會（NBA）

公司簡介

　　成立於 1946 年的美國職籃 NBA 不僅是北美 4 大職業運動之一，更是全球水準最高、觀看人口最多、關聯產業規模最龐大的職業籃球組織，目前共有 30 支球隊，分屬東區和西區兩個聯盟，正式賽季於每年 10 月展開。

　　根據富比世雜誌（Forbes）估計，NBA 於 2017 ～ 2018 賽季營收達 80 億美元，各球隊的平均價值高達 19 億美元，年成長 13％，是 5 年前的 3 倍，NBA 已超越美國職棒大聯盟成為全球收入第二高的職業賽事聯盟，僅次於美式足球聯盟。

轉型動機

　　NBA 是含金量相當高的職業運動，除了例行賽、季後賽、明星賽的票房收入，轉播權、品牌授權也是 NBA 的重要收入來源，熱血沸騰的球賽和球員神乎其技的表現是支撐起這個經濟規模的核心價值，因此，如何讓更多球迷享受比賽的樂趣，進而願意消費以提升體驗，一直是 NBA 努力的經營方向。

　　熱愛 NBA 的球迷遍布全球，除了現場觀賽者，更有遍布全球不同國家、不同時區的球迷渴望感受球賽魅力，雖有電視轉播，但如何進一步提升比賽的沉浸感，是球迷的期待，更是 NBA 的使命。NBA 對於透過科技優化球迷體驗一直抱持積極態度，NBA 向來勇於新科技應用，

近年來虛擬實境 VR 發展快速，尤其在娛樂領域的應用一直備受期待，如何將這些新興科技運用到球團與球迷經營，正是數位轉型的關鍵。

轉型方向

現任 NBA 總裁 Adam Silver 於 2014 年上任時即曾表示，要以運用創新科技來觀賽體驗為目標，不僅如此，NBA 更於 2017 年設立了創新長（Chief Innovation Officer）職位，持續挖掘優質的新創團隊，並將其技術解決方案整合到既有數據管理或媒體服務中，目的就是希望能提供球迷全新觀賽體驗。因此 NBA 的數位轉型方向主要偏向「客戶體驗」。

其中，NBA 在 2016 年就開始與新創公司 NextVR 合作，讓 NBA League Pass 會員觀賞 VR 直播，此一服務目前已能支援市面上多數 VR 裝置，包括 HTC VIVE、Oculus Rift、Google Daydream 等，使得球迷在家就可以感受現場氛圍。擴增實境 AR 的應用也帶來全新的互動機制，例如 NBA AR App 即是運用 iOS 的 ARKit 讓用戶能體驗虛擬投籃的小遊戲。

除了 VR ／ AR，5G 應用在體育直播領域也備受期待，2018 年 10 月美國電信巨頭 Verizon 推出全球第一個消費性的 5G 商用服務 Verizon 5G Home，NBA 沙加緬度國王隊也在主場館同步建置，並於一個多月後與洛杉磯湖人隊的例行賽成功實現 NBA 第一場透過 5G 即時 VR 轉播的比賽。

社群也是 NBA 特別重視的溝通管道，除了社群平台的經營，也為了讓球迷獲得更即時的互動，提高黏著度。在 2018 年的明星賽，Messenger 的用戶馬上在手機收到 NBA Bot 的訊息，告知比賽最新進度

與比分，還附上一個即時剪輯完成的 2 分上籃精華影片。

轉型啟發

職業運動所帶動的經濟效益驚人，台灣目前的職業運動規模相較於 NBA 雖是小巫見大巫，但在國內市場仍具有影響力；以中華職棒為例，為了吸引更多球迷關注，近年來也展開不少改革，球團也積極參考國外經營手法並發展主場特色服務，漸有成績。

台灣市場規模不大，卻是理想的創新服務試煉場，目前已有球團積極布局 5G 商機，建議或可援引更多新創能量，結合目前政府推動的人工智慧、5G 專網服務，以及體感科技應用的發展目標，試驗多元創新應用可能性，以形成具商業可行性的解決方案，不僅有助於吸引球迷，更可望帶動新的產業契機。

電子書
免費下載

看Amazon如何360度圍繞
顧客

12
「商模再造」轉型案例

1. 前進保險公司（Progressive Corporation）

公司簡介

Progressive Corporation（以下簡稱 Progressive）是一家美國汽車保險公司，1937 年由 Jack Green 和 Joseph M. Lewis 成立，總部位於俄亥俄州梅菲爾德村，2019 年全球員工人數超過 3 萬 5,000 人。Progressive 主要業務是在美國提供汽車與意外傷害保險，銷售產品及服務的通路，包括獨立保險代理商、網路、行動裝置和電話銷售。

持續鎖定家庭市場成為一站式保險提供商的 Progressive，為能保持其競爭實力，不斷發展創新應用，如率先推出網路投保，也是首創手機版網頁和 App 評價並管理保險的公司。

Progressive 在 2019 年《財富》500 強企業中排名第 99 名，2018 年營收 319 億 7,900 萬美元。2017 年美國汽車保險市場市占率排名第 3，僅次於第 1 名的 State Farm Mutual Automobile Insurance 及第 2 名的 Berkshire Hathaway Inc.。

轉型動機

以往保險公司大多是依據駕駛人的性別、年齡、職業、車輛廠牌及車齡等靜態資料，衡量駕駛人的車險保費。如 30 至 60 歲女性駕駛人會被認為低風險群而保費較低；20 至 30 歲年輕男性駕駛人會被歸類為高風險群而保費較高。

這類計價方式實際上並未考量到個別駕駛人使用車輛的動態差異，因為即使年紀、性別、職業、車輛廠牌且車齡都相同兩位駕駛人，並不代表駕駛風險都一樣。靜態資料的衡量方式，導致交通安全觀念佳、用車頻率低的「安全駕駛人」，雖發生事故的機率較低，但所繳的保費並沒有比危險駕駛人少，造成計費不合理的現象。

然而隨著車聯網相關技術的發展，車輛使用狀況能藉由聯網記錄並回傳進行數據給保險公司分析，保險公司便能根據駕駛人實際駕駛狀況估算駕駛風險。這種新型態的汽車保險費用計算方式，被稱為使用率保險（Usage Based Insurance, UBI），目的是更合理地計算每位駕駛人應繳車險費用。

轉型方向

2009 年，Progressive 推出的 MyRate 項目導入了 UBI 業務，是美國最早推行 UBI 模式的保險公司。UBI 模式車險是指通過車載設備記錄駕駛人駕駛行為和習慣數據，通過車聯網傳輸至雲端，保險公司可以通過這些數據對駕駛人的駕駛風險作出比較精確的度量。通過大數據技術處理，Progressive 可精準評估駕駛人駕車行為的風險等級，從而實現保費的客製化定價。

用戶參加 UBI 車險計畫後，會獲得一個裝有車上診斷系統（On-Board Diagnostics, OBD）的硬體裝置「Snapshot」。用戶將其安裝至車上後，便可啟動數據即時記錄服務。

透過 OBD 所記錄的數據，包括車輛識別、時間、車速、加速度、設備總時長等，保費價格會在安裝 30 天後完成計算，安裝 6 個月後再計算優惠折扣。用戶安裝後便能透過相對應的駕駛行為獲得獎勵回饋，甚至最多能享有車險費用的 7 折優惠。若不再繼續記錄數據，用戶則需要將 OBD 裝置歸還給 Progressive。Progressive 在推行 UBI 業務後，其保費收入及市場滲透率逐步提升，使用 Snapshot 服務的車險用戶已超過 200 萬名。

轉型啟發

有別於傳統車險計費模式，Progressive 將 OBD 設備 Snapshot 安裝至用戶的汽車，通過記錄和分析駕駛人的駕駛行為資料，並歸類至不同風險等級，最後依此收取不同保費。此計費模式讓公司能吸引並保留更多忠誠用戶，也讓駕駛人能藉由安全的駕駛行為獲得客製化的保費及優惠。

台灣目前已有數家產險公司通過核准，讓保戶可以在車體險中附加 UBI 條款，並依照駕駛紀錄做保費減免。然而現階段的作法大多是根據用戶手機 App 蒐集駕駛行為數據，而且若需要駕駛人定期拍攝並上傳里程表，也無法有效提供保戶便利性。另外觀察指標相對單一，也不易提供較全面的駕駛行為分析。

若台灣汽車保險業者能參考 Progressive 的 Snapshot，設備由公司免費提供，只需將此插入車輛中的 OBD-II 插口，便能自行記錄完整全

面的駕駛資料，提高用戶使用意願並深耕優質顧客。

2. 恆康人壽保險公司（John Hancock）

公司簡介

John Hancock 是一家有著百年歷史的人壽保險公司，成立於 1862
年 4 月 21 日，是以美國《獨立宣言》第一位簽署人 John Hancock 來命
名。2018 年美國《財富》500 強企業中排名第 241 名。

2004 年加拿大最大的人壽保險公司（2018 年總資產 7,502 億 7,000
萬美元）Manulife Financial 以 110 億美元併購了 John Hancock。John
Hancock 和 Manulife Financial 大部分的美國資產，繼續以 John Hancock
的名義運營，並成為加拿大最大、美國第二大的壽險集團。

John Hancock 主要業務是提供多元的金融產品和服務，包括個人人
壽保險、團體人壽和醫療保險、團體退休金計畫、再保險服務、健康保
險、長期護理保險等，所管理的資產規模達 1,500 億美元。John Hancock
業務拓展範圍涵蓋美國、加拿大、中國大陸、新加坡、泰國、馬來西亞、
菲律賓和印尼等市場，全球客戶超過 2,800 萬，其中美國用戶占超過
1,000 萬。

轉型動機

以往保險公司不乏和運動或健康機構合作的模式，或是對於較注重
運動與保健思維的客戶提供較佳的費率，但就營運上仍不易掌握客戶實
際生活型態。

John Hancock 想要改變的不只是產品，更包含傳統保險銷售思路，其主要是期望藉由新興科技應用，協助客戶保持良好的健康生活與運動習慣，進而延續客戶壽命與健康狀態。其核心目的在於，無論是壽險保單的特性還是客戶的需求，客戶壽命越長，壽險公司就越能長期持有客戶保費並用於投資管理，如此無論對保險公司和客戶都是最理想的情況。反之，客戶若健康狀態不佳甚至過世，保險公司則需負擔理賠保險給付金。

因此 John Hancock 不再按照以往壽險業務的營運模式，而是運用新興科技幫助用戶維持健康的生活型態，同時也能為本身創造更多的獲利機會。

轉型方向

John Hancock 最早在 2005 年即推出了互動人壽保險，當時採取的是提供智慧穿戴裝置給有意願參加此方案的客戶，John Hancock 會再依照透過智慧穿戴裝置蒐集的數據，即時調整保費並提供客戶優惠。

直到 2018 年 9 月 19 日，John Hancock 宣布停止傳統人壽保險業務模式，全面和健康管理平台 Vitality Group 合作發展「活力健康保險計劃」，提供客戶 Fitbit 智慧手環等穿戴追蹤器，以即時追蹤客戶的健康狀態及運動習慣。

「活力健康保險計畫」是一個結合獎勵回饋的互動式保單，客戶能藉由維持良好的健康生態累積分數，再以此換取合作商家的消費折扣或是保費優惠。此互動式保單包含兩種方案，即 Vitality Go 和 Vitality Plus。

在 Vitality Go 方案中，客戶需要透過 App 或網站獲得來自專家提

供的健身、營養資訊及客製化的健康目標。每當客戶達到相對應的健康目標，便能在 Amazon、Fitbit、Garmin 和 REI 等商家換取消費折扣或相關獎勵。過程中客戶不需要額外支付費用，便能在所有人壽保單上享有此方案。

在 Vitality Plus 方案中，客戶需要每月支付 2 美元費用，並取得 Fitbit Alta 智慧手環（約新台幣 4,000 元），再透過健康飲食生活（如不吸菸、多吃蔬果）、定期健康檢查並閱讀保健資訊等方式累積分數，升級至「白金」等級後，就能享有最多 15% 的保費折扣、飯店折扣及健康檢查等加值服務。

轉型啟發

美國已有很多壽險、健康險公司將保險定價連結被保險人的運動和健康，他們會和一些運動組織、會所等機構合作，對定期參與各項體育鍛鍊的客戶給予不同的費率優惠。然而 John Hancock 模式上最大的創新是將公司的數據後台與科技公司合作，透過智慧手環即時記錄數據與調整保費，並將目標市場鎖定有運動習慣或健康生活型態的客戶。

台灣壽險公司可參考 John Hancock 和穿戴裝置業者合作的模式，藉由保費減免、回饋等誘因，激勵客戶培養良好運動與健康生活習慣，並即時掌握用戶運動與生活狀態，提供客戶彈性保費與消費折扣。發展此種壽險模式，不只能讓客戶養成良好運動與生活習慣，還可降低壽險公司理賠率，同時還能減少社會醫療的支出，達到客戶、壽險公司及醫療機構的三贏局面。

3. 日本交通公社（JTB）

公司簡介

　　JTB 於 1912 年創立，是日本國內最大旅行業者，擁有最高市場份額，在日本有 928 家店舖，海外 508 個據點遍布 39 個國家。

　　JTB 主要業務為「旅遊行程相關之產品銷售與服務」。例如：交通、住宿或其他票券代訂、旅遊行程販賣等。此外，JTB 的特色為國內旅遊業務（占總營業額的 60%）、多角化經營和數位科技的應用等。

　　JTB 最初從事國鐵票代理販售；1963 年轉為旅遊行程產品銷售；2018 年，為因應市場和產業鏈轉變，除了營運效率改善，也積極投入商業模式再造，轉為提供解決方案的新商業模式。

轉型動機

　　「旅行業去中間化」讓 JTB 過往的主要營收來源大幅減少，是促使 JTB 進行數位轉型的關鍵。社長高橋也提及，過去商業模式和現在消費者需求出現了落差。現在，由於科技變遷，消費者已能收集旅行相關資訊，直接向旅行元件供應商購買。同時，提供即時比價、訂購與情報等服務的線上旅遊機構（OTA），更助長了此趨勢。再者，根據日本觀光廳數據，2017 年自由行比率為 80.5%，旅行團比率為 19.5%，顯示自助旅行已成為主要的旅行型態。

　　另一方面，「高齡、少子化現象」和「訪日旅客的增加」，也是促成 JTB 進行轉型的因素。首先，面臨勞動力減少，JTB 需要更效率方式

來管理旗下組織的大量數據。第二，訪日旅客數已於 2018 年突破 3,000 萬，日本觀光廳估測 2020 年將達到 4,000 萬旅客的目標。此現象也將加深語言溝通，和訪日體驗優化的課題。JTB 為克服上述問題，而著手數位轉型以再中間化。

轉型方向

2018 年，JTB 宣布，從旅行行程販賣業者，轉為顧客導向的解決方案企業。其營收結構改以傳統旅遊業務（佣金）和解決方案業務（報酬）各占一半為目標。因此，JTB 積極運用數位科技，進行商業模式創新和營運效率改善。

商模再造方面：JTB 為因應自由行趨勢、旅遊套裝行程業績下降、人力不足和語言溝通問題，提供以下解決方案。第一，以旅客或業者為對象的「導覽機器人出租服務」。JTB 提供旅遊相關情報，而夏普提供 RoBoHoN 機器人和系統開發。該 AI 機器人能即時提供旅遊情報諮詢，也能進行日語、中文與英文溝通。目前，針對旅客的出租收費標準為一天 1,000 日圓。

第二，「免行李觀光服務」。JTB 提供旅客情報，Panasonic 開發 ICT 系統，YAMATO 運輸負責配送。此服務，目前支援 4 國語言操作，提供旅客點到點的行李配送服務。旅客可透過手機預約，以 QR code 認證託運和領取。收費標準方面，單趟手提行李為 2,000 日圓，大行李為 2,500 日圓。

第三，「商務出差管理系統服務」。透過提供一站式購足（住宿和交通等）、行前旅費計算和申請、行後報銷和分析等功能，降低法人的出差人力成本和經費開銷，進而收取系統服務費。目前，此服務已導入

2,100 家企業。

第四，「電商平台服務」。它提供顧客機票、飯店等的即時比價與訂購服務，並收取手續費用。

第五，「行動 App 服務」。JTB 透過提供「住宿即時預訂」、「個人旅遊規劃」、「觀光型智慧共享車」App，收取手續費或服務費。

營運效率方面：第一，整合旗下 15 家公司的系統平台；第二，導入機器人以自動化業務流程；第三，導入 AI 數據分析工具；第四，門市提供 VR 體驗服務。藉此提升工作效率，使 JTB 能迅速反應市場需求。

轉型啟發

轉型前，JTB 面臨主要營收來源的銳減；轉型後，JTB 藉由拓展更多元的獲益來源，持續穩坐日本旅行業之龍頭。其成功關鍵在於善用數位科技，進行內部開發和異業結盟，以提升因應市場變化的靈活度，和解決方案的創新力。

建議台灣業者以漸進方式借鏡 JTB 的數位轉型，從製造導向的旅遊行程販售，轉為顧客需求導向的解決方案提供。針對旅客在旅行前、旅行中、旅行後產生的需求，思考新的獲利可能。同時，應掌握核心能力和資源，如產業網絡、數據情報，透過內部開發、異業策略聯盟，進行商業模式的再造、營運效率的優化，進而達成企業的數位轉型。

4. Topgolf

公司簡介

Topgolf 為美國最大的高爾夫球娛樂事業，首間娛樂型態的球館創立於 2000 年的英國，截至 2019 年 8 月美國、英國、澳洲分別有 50 個、3 個、1 個據點。2016 年營收 7 億 5,600 萬美元，淨利 3 億 200 萬美元。

除高爾夫球練習場之外，Topgolf 結合高科技與商業模式設計，簡化高爾夫球運動規則，導入大眾化的運動遊戲內容，並藉由高爾夫球內嵌 RFID 晶片追蹤擊球的軌跡，同時提供專業精進及娛樂加值服務。為了向年輕人推廣高爾夫球運動，近年更導入數位與電競內容，重構運動娛樂生態系。

轉型動機

傳統的 18 洞高爾夫球運動需要專業的高爾夫球比賽場地及高爾夫球練習場，然而高爾夫球比賽耗時長達 4 小時、場地與裝備費用高昂，消費者將運動過程視為一種具階級特性的社交活動，不符合年輕族群不受場地限制及零碎化時間的社交與娛樂需求，導致高爾夫球運動族群逐年老化與萎縮。

外在大環境為 Topgolf 碰到的棘手問題，為了振興與擴大市場，初期以娛樂化的高爾夫球切入娛樂市場後，近年更順應數位化的社交與娛樂型態，提出對應的轉型策略，將過往主要服務商務客及職業選手的高爾夫球運動，推廣成為全家、年輕人的娛樂選項。提供結合各種科技的

新娛樂商品帶動市場需求,並透過建置專屬的高爾夫球館,以及輸出技術套裝給其他娛樂產業,讓高爾夫球成為電影或保齡球之外的泛大眾娛樂選項。

轉型方向

Topgolf 透過併購與組織改造、與 ICT 廠商合作、整合技術與資源、App 與數位內容開發,推動高爾夫球產業的數位轉型。

運動產業多由觀賞型運動出發,透過賽事觀看,培養特定運動的參與性消費人口。Topgolf 2016 年併購 Protracer AB 與 World Golf Tour(WGT)取得直播關鍵技術,隨後進行組織改造,成立新的部門 Topgolf Media,專注於數位內容的開發與維護。如 Topgolf TV 製播高爾夫球相關之賽事,希望擴大吸引對高爾夫球感興趣的運動賽事觀看人口,而線上高爾夫球遊戲 WGT 則希望吸引年輕玩家參與高爾夫運動。

培養潛在消費人口後,Topgolf 目標透過 ICT 廠商改造高爾夫球娛樂,與外部夥伴 CTERA 及 DELL 建置雲端平台與 IoT 設備,改善資料處理、推動服務創新。進一步從高爾夫球賽事改革出發,透過高爾夫球賽事的科技化導入,調整賽事制度。結合運動賽事、活動行銷自身品牌,導入 Topgolf Tour 運動旅遊或 Topgolf Crush 高爾夫球訓練快閃店,擴大消費族群。

高爾夫球消費族群的目標除了技術精進外,亦希望增加高爾夫球運動訓練的娛樂效果。在技術精進的部分,整合追蹤與遊戲模擬技術,在高爾夫球場佈建 500 個 RFID 感測器,推出產品 Toptracer,協助傳統高爾夫球場數位化,讓消費者可以透過攝影機的判讀,借助 VR 輔助讓高爾夫球訓練更加直觀。產品 Topgolf Swing Suite 則再次定義高爾夫球場

館，透過模擬高爾夫運動環境，讓消費者借助數位內容、投影，在包廂中與朋友共享不同類型的比賽經驗，帶動傳統高球玩家回流及重構娛樂產業生態系。

在客戶黏著的部分，透過 App 刺激使用場館服務的客戶再回購，記錄顧客的遊戲成績與成就並透過社群網路的連結，導入挑戰賽的遊戲機制，透過系統自動挑選成績較為接近的玩家作為比較對象，讓消費者以社群的概念參與場館經營。

轉型啟發

Topgolf 在數位轉型的策略分別為取得轉型資源及再造市場。為了培養高爾夫球運動人口、創造新的高爾夫球賽制，透過併購與外部夥伴取得新資源，分別用於新產品設計及內部流程改善。面對年輕消費者希望追求新的服務體驗，透過數位化內容，如 App、社群、遊戲，增加高爾夫球娛樂豐富度；在創造新的市場需求後，以數位化高爾夫球訓練軟體提供其他廠商產品服務。

台灣場館業者面對消費人口的改變，可借鏡 Topgolf 的數位轉型案例，先擴大市場，取得市場先機後，以社群、遊戲的數位內容轉換感興趣的消費者為實際消費者。

5. 東京電力公司（TEPCO）

公司簡介

東京電力公司（Tokyo Electric Power Company, TEPCO，簡稱東

電）成立於 1951 年，為日本最大規模的電業。需特別說明的是，過往日本為十大區域型綜合電業壟斷的型態，自 1990 年代便開始進行一連串的電業改革，然步伐仍較緩慢；面對發電成本逐漸上揚，2011 年更發生福島核災，引發電力政策的全面檢討，包括大幅放寬發電業進入機制、全面開放零售電力市場，與要求綜合電業以控股公司經營。

在 2016 年開放零售電力自由化之際，東電也正式轉為控股公司，將大部分業務分拆為三家子公司：（1）東電 FP（Fuel & Power）：負責火力發電與燃料調度；（2）東電 PG（Power Grid）：負責輸配電業務；（3）東電 EP（Energy Partner）：負責售電並跨足家用瓦斯供應。

轉型動機

福島核災後核電比重大幅下降，造成全日本供電吃緊，也升高了大眾對核能的安全意識，以及對節能與綠色能源的關注。在此契機下，身為日本電業之首的東電，開始擴大再生能源開發與降低對核能的依存度，加速布建智慧電表基礎建設，同時尋求降低成本的方法。

而在電業改革備受各界關注後，東電進一步指出日本電業環境將出現 5 個的「D」的變化：Deregulation、Decentralization、De-carbonation、De-population 與 Digitalization，並將公司經營方針定調為「責任與競爭力並重」，同時強調組織改造及組織內與跨企業的合作聯盟。特別是在 2016 年零售電力市場自由化後，東電面臨的競爭加劇，顧客規模逐漸下滑，故東電期望導入更多智慧科技的應用，幫助營運效率的提升，甚至打造新的創新服務，朝向「超越常態思維的新業務實體」的願景邁進。

轉型方向

在發展智慧家庭的新興業務方面，2017 年東電 EP 即推出第一個智慧家庭跨業合作（與 Sony 合作）解決方案：「居家安心計畫」。該方案的核心是將建置在家中的感測裝置連結雲端平台，監測是否有人出入等可疑狀況，推播到用戶行動裝置；除了智慧鎖，客戶亦可加購智慧標籤放在孩子身上，當其進出或在正常時段未返家時都會推播。

爾後東電更推出「遠端安心計畫」，透過獨居長者家中配電盤建置的感測器，從電器使用狀況了解其生活狀態，讓家人透過行動應用掌握相關訊息。其感測裝置主要結合新創 Informetis 應用 AI 之電器能耗分解與模擬技術，物聯網平台為東電 PG 轄下 Energy Gateway 負責。

2018 年推出第三個智慧家庭方案「寵物監測計畫」，透過家中建置的物聯網攝影機（IODATA 開發的 Qwatch），連結 AI 技術與獲取的寵物圖影資料，可透過行動應用查看寵物狀態，掌握健康狀況與行為模式。具體如查看寵物即時動態、不同時點資訊（如吃飯次數）、每日行為報告，甚至會推播是否有按時進食或有無異常狀況。

2019 年推出第四個智慧家庭方案「家庭監測計畫」，透過家中配電盤建置之感測器（同樣結合 Informetis 技術），不僅可追蹤電器各項狀況，還涵蓋太陽能發電量可視化，幫助實現零耗能住宅的目標。該計畫主要是結合住宅與建築業者執行，前述業者亦可向用戶推播推薦訊息，甚至提供客製化服務。

轉型啟發

東電主要是在轉為控股公司的前後，加速其各項業務的數位科技運

用。而面對非傳統電業的業者紛紛加入競食零售電力市場，東電不斷推展其智慧家庭等新興業務，逐步打造有別以往的商業模式，滿足顧客更多元的需求。我國電業環境或將同樣浮現 5「D」變化，特別是自由化政策長期發展下，貼近顧客的售電業務將更受矚目；而東電結合數位科技推展創新事業的作法，應可為我國業者參考。

值得一提的是，東電在各項業務的數位布局上強調跨業（如 IODATA、Informetis）合作，而非投入大量精力於不擅長的領域；因此前述國內解決方案業者，在配合自由化政策下，或許有更多國內外市場機會可持續關注。

6. 戴爾（Dell）

公司簡介

創立於 1984 年的戴爾公司，在個人電腦及辦公室硬體廠商百家爭鳴時，戴爾公司也曾走向營運上的寒冬。因此，2007 年創辦人麥可・戴爾（Michael Dell）宣布復出重掌戴爾公司時，決定重整企業運營方針，透過持續的企業併購、企業合作、部門合併整合及商業模式調整，讓原本以個人電腦及辦公室硬體市場的戴爾公司，重新走向以企業解決方案為主的軟硬體供應商發展，創造全新的戴爾時代。

轉型動機

原先創辦人麥可・戴爾在個人電腦完成無數成就而功成身退後，始料未及的是，戴爾公司在 2004 年到 2007 年間遇上了低潮，面對電腦直

銷業務減緩及零售商的日益茁壯，蠶食了戴爾公司在個人電腦及辦公室硬體的市場。面對這樣的情況，麥可·戴爾開始尋求個人電腦及辦公室硬體以外的消費市場，試著在播放器和手機領域上尋求突破，但最後還是以失敗告終，而後續相繼開發手機及平板電腦市場，結果也未獲斬獲。

　　雖然在初步轉型不如預期，但在 2013 年，麥可·戴爾宣布，將進行在外股票的收購進行企業的私有化。這個舉動顯示了戴爾積極轉型的一個分水嶺，逐漸展現戴爾公司將從個人電腦及辦公室硬體銷售轉向企業軟硬體解決方案的企圖。

轉型方向

　　戴爾公司面臨個人電腦成長的趨緩期，使得公司很快也面臨整體產業的低潮。為求企業的轉型，從 2007 年起，戴爾公司開始了一系列的併購，將原本以硬體商品為主，轉型為提供企業級的整體解決方案為目標的戴爾。把業務目標從直銷個人電腦轉向了企業級服務導向的市場，從中提供良好和多元的軟硬體配套方案給企業客戶。

　　戴爾公司在轉型過程中積極發想，想要快速建立更有利潤的企業服務，包括企業服務、端點解決方案、伺服器及存儲服務。因此戴爾公司選擇以收購的方式來強化企業本體。自 2007 年底，戴爾宣布以 14 億美元收購儲存裝置製造商 EqualLogic，邁出了轉型的第一步。2010 年之後，加快了收購的腳步，先後收購雲端計算解決方案廠商 Boomi、虛擬化存儲廠商 Compellent、安全服務廠商 Secure works、網絡設備公司 Force 10 networks 等。2012 年，戴爾公司宣布以 24 億美元收購企業管理軟體製造商 Quest Software。在近年的步調中，戴爾公司在提供硬體產品的同時，深知相關方面的軟體管理能力亦發重要，因此在收購各種

企業級解決方案的軟體公司時，逐漸強化軟硬體的安全、系統管理、智能商務及應用，走向具深度的軟硬整合公司。

轉型啟發

　　成功私有化之後，戴爾更大膽地在市場上進行整合強化的動作。2015 年戴爾公司宣布以 670 億美元買下 EMC，這項併購交易的金額，在當時成為科技史上最大併購金額的新紀錄。戴爾買下 EMC 後，包括 EMC 旗下虛擬化平臺 VMware、資料分析平臺 Pivotal、融合式架構平臺 VCE、雲端供應商 Virtustream 和資安部門 RSA 團隊也將一併加入戴爾公司。然而為有效調整公司體質，在宣布併購 EMC 公司後加速了企業轉型的腳步，並反向於 2016 年陸續出售原本旗下的軟體部門 IT 服務部門及終止歐洲中東、非洲和亞洲的印表機業務。一方面是為了籌措收購 EMC 高達 670 億的併購金，另一方面戴爾科技同時也塑造符合未來企業轉型的公司架構，這一連串的出售及中止服務動作，成功整合了戴爾的硬體部門與 EMC 的軟體優勢，提供客戶一站式的解決方案，從原本的軟硬體供應商整合成軟硬體顧問商。

　　戴爾在這 10 幾年間經過了重整、收購及合併逐漸成為了更完善的戴爾，歸功於持續的「捨」和「得」，不斷地調整公司的方向及體質，從成功的個人電腦、辦公室硬體銷售商一路轉變為更成功的企業軟硬體整合顧問供應商。

7. 輝達（Nvidia）

公司簡介

輝達，創立於 1993 年，為一家以提供顯示卡繪圖晶片及伺服器解決方案的科技公司。在 PC 和筆電產業快速成長之下，Nvidia 一直以來是顯示卡晶片市場主流供應商，並在遊戲、影像處理運算上持續領先世界。

由於近年 PC 和筆電成長趨緩，Nvidia 勇於提前將注意力分配至人工智慧解決方案中，在積極投入大量資源並與不同的策略夥伴提供整體軟硬體架構下，大幅度影響整個人工智慧市場走向和趨勢。

轉型動機

由於在筆電和個人電腦的銷售逐年平緩，並且 Nvidia 在行動市場未獲高額成果，Nvidia 選擇逐漸淡出行動市場，近年積極投入人工智慧。

人工智慧為新時代的重點發展技術，其深度學習帶領著各行各業獲得新興的應用。因此，Nvidia 近年來投身人工智慧研究領域，發現 GPU 的確較傳統的 CPU 具備獨特的優勢。執行長黃仁勳表示，「過去 20 年科技潮流由 PC 與行動裝置帶領，現在則看到了人工智慧運算的革命，在進入人工智慧運算平台的時代後，GPU 是最理想的人工智慧運算工具。」Nvidia 認為未來人工智慧在各個領域的應用充滿變化與創意，決心投入專用於各領域的深度學習、機器運算的 GPU 開發，凸顯

了 Nvidia 對未來人工智慧技術的有相當的信心和野心。

轉型方向

深度學習之父 Hinton 的學生 Alex Krizhevsky，利用 Nvidia 的 GPU 搭配深度學習建出了著名的 AlexNet 模型，以大幅度的差距贏得了圖像識別比賽。這項成功也讓 Nvidia 體認到 GPU 在深度學習運算上顯著的效果，是未來機器學習的趨勢。

由於深度學習的可落實性，造就許多人工智慧運算上的需求，Nvidia 更是了解未來深度學習將會是引領產業界的一項新技術，因此便快速投入且大量資金來提前開發人工智慧市場，雖然 Nvidia 的繪圖晶片在不同領域中，扮演著重要的運算基礎，但 Nvidia 從原先專注於遊戲產業的繪圖晶片，更大幅度地擴展至人工智慧市場的生態。

Nvidia 了解到 GPU 於人工智慧市場的重要性，積極切入人工智慧運算晶片，並投入大量資源發展其晶片運算架構 CUDA（Compute Unified Device Architecture）來協助深度學習的算法建立。隨後，Nvidia 不同於過去以晶片銷售為主的策略，開始投入相關生態的建立，投資及參與許多人工智慧研究機構的合作，例如：2016 年與 Fanuc 共同開發 FIELD（FANUC Intelligent Edge Link and Drive）系統，讓深度學習等人工智慧技術可為工業機器手臂帶來自主學習之功能。而 2017 年 Nvidia 和德國車商博世（Bosch）宣布進行合作，Nvidia 發揮繪圖晶片優勢負責自動駕駛系統的高效運算部分，於此同時，Nvidia 持續更新的 NVIDIA 的嵌入系統 Jetson 系列，更積極和各式物聯網裝置、機器人及無人載具合作，協助企業打造新一代智能化機器，開啟工業 4.0 的應用。

當 GPU 晶片成了深度學習的基礎核心，原本專注在處理團像視覺

的 Nvidia，開啟了轉型為人工智慧運算的契機，現今更藉不同生態及提供軟硬體的整合服務來創造多元價值，以利 GPU 晶片的延伸展現彈性的應用效益，獲得更大的市場青睞。

轉型啟發

身為十多年個人電腦及筆電顯示卡領導者的 Nvidia，在個人電腦和筆電尚未走下坡時，就選擇投入行動市場，雖然在行動裝置市場表現沒有突破的表現，但不甘於平庸的 Nvidia 果斷退出行動裝置市場，積極找尋未來新戰場的機會。對此可從了解 Nvidia 在面對市場時，在整體趨勢還未走下坡時，就嚴格審視自身表現是否跟上或帶領市場趨勢，並從中不斷找尋及深根下一個最具優勢和競爭力的市場。

從 Nvidia 的作法提醒了企業在順勢時就需思考轉型，避免當整體產業往下滑時因來不及因應而被市場淘汰。雖然普遍企業會提出一個問題，明明現在企業就在順勢環境中，為何不好好發揮現有優勢去搶占市場，反而要思考轉型的方向？但從 Nvidia 之所以可以在快速變動的資訊業持續領先全球，不外乎就是在順境的時候，同時也思考新的順境可能，因為 Nvidia 了解面對帶來財富的油田絕對不可以只有一個。

8. 大金（Daikin）

公司簡介

創立於 1924 年的大金，舊名為「大阪金屬」，原先是一家砲彈兵工廠。轉型為民間企業後，以生產飛機用散熱管為主。於第二次世界大

戰期間,率先研發出潛水艇空調,接著跨足冷凍機與冷媒產品領域,從工業用一路做到家用空調,專注冷氣空調的大金,為分離式、變頻等許多空調技術與應用的先驅。也是少數從冷媒、銅管,到壓縮機等關鍵零組件,皆具自主生產能力的業者。2018 財務年度營收規模達 223.5 億美元(約 2 兆 4,810 億日圓)。

轉型動機

大金 2002 年至泰國設壓縮機工廠,當時泰國最低工資為一天 146 泰銖(約 3 美元),到了 2016 年,泰國基本工資已成長一倍達 300 泰銖(約 8 美元),為了降低生產成本,大金泰國分公司社長關田直人向總部提出打造以物聯網(IoT)及高度自動化產線的計畫,希望透過物聯網與自動化產線降低製造成本,提高生產效率。

然而,下一階段如何善用物聯網所蒐集到資料分析才是數位轉型的關鍵。大金空調在其產品中內建物聯網 Gateway 後,透過網路所獲得的資訊不只能用於故障報修,還能藉此獲得用戶使用空調設備的狀況與偏好。舉例來說,物聯網系統收到的資料可用以推估用戶每天開啟冷氣的平均時間,先行遠端開啟冷氣;或是在夏日熱浪來臨前,事先自動調整空調溫度。如此一來可進一步節省電費。

轉型方向

大金利用物聯網所蒐集到的數據,發展出以軟體服務取代既有硬體銷售的商業模式。在大型工廠中,空調占了整體電費很高的比例,因而如何讓空調設備節能運作,是多數製造業者急欲解決的問題。過往一般

的作法是選購節能的變頻冷氣節省電費，不過效果有限。大金空調的作法則是替工廠免費建置空調設備，並透過物聯網閘道器擷取空調設備的運作數據，依據蒐集到的數據再結合本身專業調整空調設備的運作方式，再收取工廠所省下的電費中的一定比例金額作為其服務收入來源。

近年來人工智慧興起，自 2016 年宣布結盟以來，大金和 NEC 一直在空調與 AI 的結合上進行研究。能夠偵測室內人員動態自動調整空調的系統，便結合大金的自動調節溫度技術及 NEC 的臉部識別技術，首先是在員工電腦螢幕畫面裝上搭載 NEC 臉部辨識技術的特製相機，運用人工智慧分析眼皮動作。當偵測到眼皮活動頻率異常時，就可以判斷為可能有瞌睡蟲出來散步。系統在尋找到早期睡意的跡象後，便會自動降低房間的溫度，協助員工提振精神。目前大金空調也考慮研發能夠針對人體等小範圍送風的空調控制技術。

轉型啟發

大金自成立以來堅守空調冷氣的本業，卻能活用物聯網，善加利用蒐集到的相關數據，不僅提供更符合消費者需求的產品，連帶轉換過去單純銷售硬體的製造商角色，轉型為提供節能服務的供應商，成功改造其商業模式。

對於台灣的業者來說，應該急思如何立基於本業，透過各種數位解決方案達到轉型的效果。以大金為例，迄今仍以冷氣空調設備為主要營收來源，但透過物聯網所汲取的數據，與 NEC 的跨業結盟，使其能夠提供加值服務。易言之，如何搜集既有業務所產生的數據，甚至透過跨業合作，根據這些營業數據不管是改善生產流程、商業模式、產品服務等，以達成數位轉型的目標。

9. 戴姆勒（Daimler）

公司簡介

　　戴姆勒成立於 1926 年，是一家總部位於德國斯圖加特的汽車公司。自 2019 年 5 月起，為了因應產業變化與自身組織轉型，戴姆勒集團決定將旗下 5 個業務部門整併成 3 家獨立的公司，分別是梅賽德斯奔馳（Mercedes-Benz AG）、戴姆勒卡車公司（Daimler Truck AG）和戴姆勒移動出行公司（Daimler Mobility AG），新戴姆勒的組織架構將於 2019 年 11 月 1 日正式生效，其中戴姆勒金融服務（Daimler Financial Services）已在 7 月 24 日起改名為戴姆勒移動出行公司（Daimler Mobility AG）。

轉型動機

　　以全球主要市場為例，各國多已有當地代表性的共乘服務業者，如：美國的 Uber、Lyft、中國大陸的滴滴出行、印度的 Ola 以及東歐的 Taxify。2015 年，美國 CNBC 引用研究顧問公司 Magid Advisors 的問卷數據，年齡層分布在 18 歲至 64 歲，且過去 6 個月曾使用 Uber 服務的受訪者，其中有 22% 的受訪者表示使用過 Uber 的體驗，確實會左右購買新車決策，而改為延後或暫緩購車。Magid Advisors 總裁 Mike Vorhaus 接受 CNBC 採訪時表示，該份問卷預估 Uber 等業者提供的共乘服務，將會對汽車產業造成衝擊，Mike Vorhaus 推估美國約有 300 ～ 400 萬名消費者，可能因為接受 Uber 共乘服務，而延後或暫緩購車需

求。因此，全球消費者對汽車資產觀念的轉變及移動服務業者競爭對汽車市場造成的排擠效果，為戴姆勒集團針對旗下業務模式進行調整的主因。

轉型方向

戴姆勒集團旗下賓士行銷業務處副總裁 Markus 表示，過去幾年賓士搜集了大量消費者使用車輛所衍生的相關數據，從數據中觀察到顧客行為的轉變，越來越多人表示希望用手機就能控制汽車，所以賓士決定由運輸工具的製造商轉型成移動服務供應商。賓士在 2016 年提出「C.A.S.E.」核心理念，分別代表 Connected（聯網科技）、Autonomous（智能駕馭）、Services & Shared（共享與服務）與 Electric（電能驅動），目標是能階段性地將四大服務理念融入汽車中。

戴姆勒集團旗下目前已擁有了汽車共享品牌 Car2go、計程車服務 MyTaxi，此外也投資了德國最大的城際巴士公司 FlixBus。顧客能透過智慧型行動載具找到以分鐘計價的共享車輛、呼叫計程車，也可以查詢公共交通資訊等，完整結合各種交通工具，提供消費者在交通具選擇上的多樣性，透過平台即服務的整合，更能提供大都會中「最後一哩路」的高度便利性。

以 Car2Go 服務為例，使用者可以通過 APP 支付費用隨時隨地租車還車，也可選擇繳交月費 1,000 美元（約 3 萬台幣），透過手機「訂閱」用車服務，可無限制次數換車，也無里程限制。Mytaxi 則扮演服務平台角色，連結全球計程車司機與乘客，提供搭乘供需媒合服務。Mytaxi已可在歐洲 100 多個城市使用，旗下擁有 10 萬名司機，註冊使用的乘客超過 1,000 萬人，為歐洲現階段最普及的計程車叫車應用程式。

除提供搭乘服務外，也與數據平台公司 Otonomo 合作，在車主願意提供資料的前提下，提供數據平台客製化服務，如：UBI 保險、電動車充電等相關應用程式（App）與服務。賓士匯聚諸多行銷與顧客服務的經驗與大數據，結合嶄新科技與聯網技術，以顧客需求為中心提供所有與移動相關的資訊，而催生出「Mercedes me」數位服務品牌。

轉型啟發

戴姆勒集團雖為百年企業，但在意識到市場趨勢變化後，迅速透過組織調整，推出訂閱式服務取代單一汽車銷售模式;同時透過平台建立，從生產銷售汽車的角色轉換成媒合移動供需的平台角色，以因應市場需求環境的改變。

不僅單單解決顧客的運輸需求，在車主願意提供資料的前提下，結合第三方業者加以分析並運用資料、提供更貼近顧客需求的加值服務。例如:藉由掌握車主的行車路線，適時地推播沿路店家資料或優惠資訊，以滿足車主的消費需求

台灣業者若提供的產品或服務是直接面向消費者，未來更將以顧客為中心作為業務經營核心理念。而且，若在顧客同意的前提下，亦可透過數據收集更了解顧客之外，並可藉此打造更貼近顧客需求的服務。而且，可觀察到賓士並非獨力打造旗下的服務項目，而是選擇串聯既有的服務業者或是與平台服務開發業者進行合作，善用第三方業者的優勢，而建構起屬於自身的移動服務生態系，因此必須理解在以滿足顧客需求的前提下，合作聯盟更甚於單打獨鬥。

10. 海爾（Haier）

公司簡介

海爾成立於 1984 年，前身為負債 147 萬元人民幣的青島電冰箱總廠，為當時中國 300 多家冰箱廠之一。成立 35 年之後，海爾成為年營收 1,833.2 億人民幣的跨國企業，全球員工人數達 8.7 萬人，主要產品橫跨冰箱／冷凍櫃、洗衣機、空調、熱水器、廚房家電、小家電、智慧家庭產品等，其中依據歐睿國際（Euromonitor）調查，2018 年海爾冰箱銷量占全球市場 17.3%，已連續十年排名第一。旗下知名家電品牌包含：海爾、Casarte、統帥、日日順、AQUA、Fisher&Paykel、GE Appliances、Candy，從低端到高端家電接有布局，顯示海爾已成為國際白色家電品牌要角。

轉型動機

中國大陸洗衣機市場自 2011 年後成長趨緩，且在各品牌洗衣機功能差異不大下，消費者容易以價格導向選擇洗衣機品牌。在此之下，洗衣機業者開始尋找新的成長機會，而海爾將目光瞄準在商用市場，海爾發現在中國大陸校園中，學生洗衣服長需要排隊等待，耗費很多時間，因此海爾試圖思考如何將中國大陸流行的「互聯網思維」運用在洗衣服務上。

此外，在洗衣機市場趨於飽和下，海爾也思考如何跳脫硬體思維，希冀能透過軟體服務達到多元化收入。因此，在海爾推出的自助洗衣服

務中，不僅僅是面對消費者的服務，也提供整套自助洗衣解決方案、衣聯網解決方案給相關業者，試圖從消費與企業兩端同時拉進更多業者加入海爾生態系。

轉型方向

瞄準商用洗衣解決方案後，海爾將洗衣機結合 IoT 技術，推出海爾洗衣 App，於 2015 年 10 月首度在北京首都師範大學測試校園自助洗衣服務。海爾在校園內推出海爾自助洗衣機，該洗衣機運用 IoT 技術與海爾洗衣 App 串聯，學生可透過海爾洗衣 App 預約洗衣機，洗衣費用由線上完成支付，且在洗衣時，學生無須在旁等候，可以透過 App 即時掌握洗衣進度，據官方表示，相較於傳統自助洗衣服務，運用 IoT 技術打造的自助洗衣服務，每一台洗衣機的使用效率提高 10 倍。

在推出海爾自助洗衣後，為壯大其生態圈，海爾看準大多數客戶為在學學生，基於海爾洗衣 App 發展海狸小管家項目，該項目可視為生活服務與微創業平台，學生可成為海狸小管家，並在海爾洗衣 App 內販售物品，藉此增加用戶黏著度。

此外，海爾透過 IoT 技術與不同服飾品牌、洗滌劑品牌等資源串聯，建立衣聯網生態圈，蒐集用戶的使用資訊，將數據提供給參與海爾衣聯網生態圈的業者，讓業者能根據用戶數據販售商品，滿足用戶需求。

轉型啟發

過去硬體業者靠賣斷產品與後續維修費用取得收益，但在不同品牌硬體產品功能差異不明顯下，消費者在不同品牌間的轉換成本將趨於低

廉，消費者對於產品的價格彈性也較高，使得品牌忠誠度亦難以維持。而海爾改變思維，基於原本的硬體產品加值「服務」，瞄準學生周期性的洗衣需求，建立自助洗衣服務，且不僅止於洗衣服務，在消費端還擴展周邊服務增加學生的用戶黏著度，在企業端提供整套衣聯網解決方案，以生態系思維經營自助洗衣服務，讓產品服務的生命週期能持續延伸。

11. Disney（迪士尼）

公司簡介

Walt Disney 成立於 1923 年，作為美國動畫產業領導者，經營觸角遍布電影製作、電視及主題樂園。2018 年營收達 594.34 億美元，淨利為 125.98 億美元。

Walt Disney 旗下涵蓋四個事業部門，分別為媒體網路、實體樂園、影視娛樂內容以及串流影音平台。媒體網路，包含 ESPN、Disney channel 及國家地理頻道等傳統有線電視頻道；樂園、消費者體驗及產品，包含在美國、巴黎、日本等主題樂園及品牌商店；影視娛樂，包含迪士尼、皮克斯、漫威等影視工作室；直接面對消費者及全球部門，包含 EXPN+、Disney+、Hulu 等影音串流平台。

轉型動機

第一，隨著 Netflix、Amazon 等影音串流平台林立，消費者收看影視的習慣也逐漸轉向更彈性、實惠的方案或產品，取消有線電視訂閱服

務的「剪線潮」自 2010 年在美國興起，至 2018 年底全美流失用戶數已創下歷史高峰，有線電視市場正在萎縮，Disney 媒體網路事業也在 2017 年出現營收負成長。

其次，Disney 過往經由授權給 Netflix，使其原創影音內容可經由 OTT 服務提供給無法透過 Disney 自有管道觸及的客群。然而，當眾多影音串流巨頭競相投入大量資金自製原創內容後，可能使從前的夥伴關係轉為潛在競爭者關係，加上 Netflix 最受歡迎熱門劇集有一大部分來自 Disney，這對擁有大量 IP 的 Disney 而言，投入影音串流大戰是個誘人的機會。

第三，Disney 主要業務之一的主題樂園的遊客滿意度下降，Disney 急需了解潛在原因並進而改善，甚至要搶先在遊客意識到前，挖掘更多連遊客自己也沒想到的需求，才能開發更多吸引人的新娛樂體驗，提升滿意度及創造回客率。

轉型方向

Disney 面對越來越嚴峻的產業生態，推出自有串流影音平台，嘗試藉由新服務模式建立，逐步走向「商模再造」目標，為老牌企業再創高峰。

決心設立自有影音串流平台後，Disney 首先重新調整業務部門，將影音串流平台獨立為「Direct-to-Customer & International」，該部門不僅直接接觸消費管道，Disney 更將其視為拓展全球業務的架構，使擁有各國在地化影音內容的國際頻道能在新架構下持續發展。

接著，Disney 推出訂閱式影音串流平台，揮別過去與 Netflix 的合作關係，在 2018 年相繼推出 ESPN+ 及 Disney+，透過平台獨家播映維

繫影視 IP 優勢，也直接蒐集用戶行為數據，讓 Disney 從過去平台租賃者轉變為消費數據擁有者。

另外，面對影音串流巨頭 Netflix 及蓄勢待發的 Apple TV+，Disney 必須加速搶攻這塊大餅。首先在 2017 年加碼收購 BAMtech 75% 股份，取得建立串流平台的技術，並於 2019 年完成與 21 世紀福斯的合併，取得旗下串流平台 Hulu 及眾多影視 IP，讓本身強大的影視 IP 更豐富完整，並布局主打不同族群的平台服務（如：ESPN+、Disney+ 與 Hulu）。

此外，相較其他科技巨頭，Disney 在娛樂科技的發展略顯緩慢，為加快創新的腳步，Disney 在 2014 年與 TechStars 合作，成立「Disney Accelerator」計畫，延攬符合企業發展目標的新創公司，由資源雄厚的 Disney 提供資金並由企業內部導師輔導，並有機會與 Disney 旗下事業進行合作，如 StatMuse 即與 Disney 旗下 ESPN 簽約，以 AI 提供 NBA 的統計數據。透過輔導新創企業，挑選適合的技術導入 Disney 內部，積累集團的創新能量。

轉型啟發

Disney 透過串流影音平台開拓能第一手獲得消費者數據管道，其數據分析結果不僅可改善現行業務內容，也能提供更多消費者洞察以精準開發新娛樂。此外，配合組織框架調整，面向國際消費者市場的影音串流服務也能與國際頻道影音內容有更好的結合，在未來各國推動 OTT 服務時能與當地有更多連結、更具競爭力。

另外，藉由併購及新創企業扶植，Disney 成功地快速建立新產品服務生態。比起企業內部研發，從企業外部尋求適當資源除了可以節省開發時間及資本外，也能透過新技術延伸應用與共創方式，活化 Disney

娛樂生態系。

對 Disney 而言，最有價值的是掌握的眾多影視 IP，IP 的價值則會經由反覆不斷運用而持續延伸發酵。Disney 選擇開拓新業務影音串流平台，從 Netflix 手中收回播放權，帶來的不僅是增加反覆運用知名 IP 的機會與管道，更重要的是在無遠弗屆的線上空間，能自主運用這些 IP，發揮影響力並提升品牌效益。

12. 福特汽車（Ford）

公司簡介

福特汽車公司（Ford Motor Company, Ford），成立於 1919 年，是一家生產汽車的跨國企業，總部位於美國密西根州迪爾伯恩，由亨利·福特所創立。在 20 世紀，福特、通用與克萊斯勒並列為美國三大汽車製造商。福特汽車在美國汽車市場曾經連續 75 年銷售量第 2 名，僅次於通用汽車，2007 年因油價高漲，大型車、休旅車及卡車銷量減少，逐漸被豐田汽車超越。

福特的主要業務包括汽車的設計、製造、銷售和維修，其業務範圍跨足全球，主要為北美、南美、歐洲、中東和非洲及亞太地區。2018年名列《財富》500 強第 22 名，年營收 1,567 億美元、淨利 76 億美元。

轉型動機

隨著大型城市生態圈帶來的交通壅塞、空氣汙染及停車位不足等問題，造就共享經濟的興起，消費者不再以買車為主而逐漸改為租車或共

乘，並認為養車是一種負擔。

　　科技公司如 Google、蘋果、特斯拉相繼投入自駕車技術以切入市場，不但重塑汽車產業，也成為傳統汽車業者的重大威脅。這些科技業頻繁嘗試跨足汽車領域，除了創造出新的商業模式，也造成汽車製造商利潤下滑及汽車市場萎縮。

　　近年福特汽車股價屢創新低，除了肇因於全球銷售成績不佳，拖累整體營收外，更重要的是投資者對傳統燃油汽車業務的未來發展悲觀，多數投資人認為，福特汽車不僅獲利落後對手，在運輸服務逐漸朝共享化、電動化的時代，福特汽車在這些領域也落後競爭對手。

轉型方向

　　改變迫在眉睫，福特選擇導入精實創業精神加速產品開發，精實創業強調快速驗證、快速交付與持續更新，待確認市場後才開始規模化量產。福特也與多家第三方公司一起進行產品設計的實驗，以降低推出最小可行產品的成本，加速驗證的速度，福特百年的歷史所累積的大量客戶資訊，也有助於資訊深度挖掘及創新業務模式的開發，而福特的產品設計聚焦共享經濟、大數據及自動駕駛三大方向。

　　在商模再造方面，福特與達美樂、Lyft、Postmates 成立自駕車隊，推出全品項快遞，包含用品、美食、飲料、酒等商品的運送，在全美 250 座城市幫超過 25 萬間商店運送商品，平均每月創造 250 萬趟運送。此外，透過福特的汽車雲平台，亞馬遜 Prime 會員可免費享受送貨服務，實際送貨會在選定日期 4 小時內完成，在進行快遞服務時，亞馬遜會向顧客發送關於包裹狀態和位置的即時通知，並將快遞放進用戶汽車後車廂中。

轉型啟發

　　作為一家百年老店，福特透過精實創業、少量資源進行實驗，並依市場回饋快速調整，最後依實驗結果制定策略，幫助福特快速進行產品開發並降低錯誤決策的風險，對福特汽車改善潛在獲利大有助益。福特的轉型策略也讓福特成為金融海嘯期間唯一不需要美國政府紓困的大型汽車製造商。

　　福特透過開放平台吸引開發者投入建立生態系，共同開發車載系統、車連網系統及人工智慧等應用，並透過資料共通平台提供語音辨識、車載資訊及影音娛樂，讓客戶擁有個性化的用戶體驗，讓福特有機會從傳統汽車製造商轉型為網路科技公司。目前福特轉型是否成功言之過早，然而福特透過精實創業重新定位市場的策略，對台灣產業具有相當大的啟發。

13. 豐田汽車（TOYOTA）

公司簡介

　　豐田於 1937 年創立，總部位於日本愛知縣豐田市，在 1933 年以前僅為豐田自動織布機公司的一個分部，創辦人豐田喜一郎在父親豐田佐吉的指導下開始生產汽車。豐田首先專注於生產轎車，最終擴大到生產 SUV、卡車、跑車和其他車輛。

　　2019 年，豐田淨收入約 2,720 億美元，相較 2018 年的收入增長了 2.9%。截至 2019 年 7 月 17 日，豐田的市值為 1,854 億美元，並發展成為世界上最大的汽車製造商之一，每年生產 1,000 多萬輛汽車。

轉型動機

全球汽車出貨量，預計自 2023 年起每年減少 200 萬，反過來共享汽車的經濟規模已達 7,500 萬人，汽車製造業面臨轉型的挑戰。然而，豐田過去的商業模式導致其在汽車製造占全球收入的 90%，只有小部分營收來自融資租賃服務與維修等其他業務。儘管過去豐田在汽車製造占有一席之地，但面對消費者從擁有汽車到共享的心態轉變、人們不買車的未來，豐田想轉變為依靠服務賺錢的企業。

隨著人工智慧及無人駕駛技術的日趨成熟，自動駕駛汽車的需求逐步攀升，汽車的價值從私有轉為日常使用的工具與服務。根據其 2019年公司治理報告，豐田決定專注於科技創新，特別是在人工智慧領域的發展，並致力於提升車輛互聯網領域技術，希望在未來創造新的移動服務。

轉型方向

豐田以無人電動小巴概念車 e-Palette 為基礎，開發新的服務，無人小巴成為病患前往醫院路上了解病症的空間，節省到院後的時間浪費，此外，還能成為行動廚房、長者接駁車、物流宅配、商業辦公空間。豐田也開發多種微型電動車來符合消費者的所需，包括純電動力的乘坐版及連結輪椅的電動車，對於老年化嚴重的日本而言，是相當便民的新產品。此外，豐田也與 Subaru、Suzuki 和 Daihatsu 一同開發，針對中型房車、大型休旅車、中型 Minivan、中型休旅車、小型車與中型車分別打造各自的電動車型與專屬模組化底盤。

在商業模式方面，客戶只要每月支付固定費用，就可以每達到固定

里程後，更換新車，不用煩惱保險、維修或是稅金等問題。在台灣，豐田與和運租車合作，駕駛可自由選配同級車款。在日本，豐田和住友三井共同出資成立了 KINTO 公司，推出兩階層的訂閱模式，並為獎勵安全和謹慎駕駛提供月租費折扣。此外，豐田也與新加坡計程車服務平台 Grab 合作，供應豐田汽車與後續的車輛保險和維修服務。豐田不僅以汽車為共享資源，與 Uber 分享自動駕駛系統中避免汽車碰撞的安全技術，也與和泰集團合作人車互動的車聯網系統，連結不同資訊流加以分析處理，自動提醒駕駛應變。

轉型啟發

隨著公共運輸發達、都市空間狹窄，擁有自用車需支付保險、稅金等各項成本，豐田從汽車製造轉型為移動服務業，透過月租方式接觸到不願買車的年輕族群。

豐田透過移動服務平台，結合人工智慧與大數據技術，將車輛行駛間蒐集到的數據加以整合分析並開放給第三方，與第三方合作擴大業務範圍。從製造、維護、租賃拓展到共享汽車、叫車送貨等行動服務，並擴大到物流宅配、醫療及商業辦公，甚至是海外市場，最終將服務滲透到每個人的生活。

儘管豐田在業界享有極高的知名度，但豐田仍持續因應和客戶忠誠度與品味的改變。豐田從傳統製造跨界經營訂閱金融，並且專注於人工智慧與大數據的應用，提升自己與其他產業的鏈結，以創造新的移動服務，相信對台灣產業的數位轉型具相當大的啟發。

14. 嘉吉公司（Cargill）

公司簡介

　　嘉吉公司創立於 1865 年，經過 150 多年的經營已成為大宗商品貿易、加工、運輸和風險管理的跨國企業，提供全球性的貿易、加工和銷售服務，經營範圍涵蓋農產品、食品、金融和工業產品等。嘉吉業務遍及全球 70 個國家，為全球最大的糧食貿易和倉儲商，也是美國領先的玉米飼料生產商及肉禽養殖商。

轉型動機

　　隨著科技越加發達，人口激增、城市化進程加快，造成的氣候變化對全球的農業和食品業帶來了空前挑戰。根據聯合國估算，至 2050 年，全球將有 102 億人口，代表全球食物需求會比現在還要多 70％才足夠，然而僅存可用來開墾的土地只剩下 12％。加上有些土地有水源不足的問題，實際還能運用的農地約剩下 5％。純粹仰賴過去農民的「直覺」，利用剩餘的土地開墾出比現在多 7 成的農作物可說是不可能的任務。再者，全球肉品市場越來越興盛，畜牧業同樣也面臨供需無法平衡的相同困境。

轉型方向

　　為改善當前的農業困境，嘉吉開發一套公司風險管理系統。上千個

風險控制團隊 24 小時不間斷研究各項產業因子，包括天氣、供需、農民種植情況、石油價格、運輸風險等，即時提供研究結果和應對策略，同時與農戶和合作夥伴分享風險管理和供應鏈管理知識和技術。另外，嘉吉與 Nestle Purina 等多個企業、團體合作，研發智慧天氣感測系統，利用 IoT 技術將灌溉系統的資料與手機 App 做連結，協助農民有效掌握作物種植耗費的水量，預計使用後 3 年可省下約 24 億加侖的水，相當於同時間約 7,200 戶家庭的用水量。

在畜牧方面，嘉吉公司與愛爾蘭從事機器視覺的新創公司 Cainthus 合作，積極開發家畜用臉部辨識技術，發展智慧 AI 畜牧專家，現階段以牛隻的臉部辨識為開發主軸。透過設置於放牧場、農舍的相機與無人機拍攝照片、衛星照片等捕捉牛隻的臉部特徵，搭配牛皮的花紋與臉部辨識技術，幾秒鐘內便能夠掌握牛成員的身分，即便是外型極度十分相近的牛隻也得以迅速辨識。

即時檢測牛隻飼料、水分攝取量、體溫及運動量等資訊，則交由 Cainthus 的 AI 演算法分析，分析出牛隻的行為模式，傳送給農場主人，主人便能夠透過這些資訊，調整餵養計畫、預測可能發生的問題、減少飼養人員對牛隻的生活模式干預等。

轉型啟發

身為全球規模數一數二的糧食供應商，嘉吉在全球擁有約 60 個衛星偵測地區，能觀測及預測天氣變化並偵測各國穀物收成狀況，同時為了調高農產品生產量，也投入開發基改作物，對於農產品的種植、製造等可說是擁有豐富的資源與技術。秉持著這樣的優勢，嘉吉投入智慧轉型行列，與科技、AI 公司等多個企業合作，共同研發出結合 IoT、演算

法的智慧天氣感測系統和動物臉部辨識系統，協助農民改善種植環境、提升畜牧效率。

　　嘉吉當前先以全球酪農業為目標，未來則是會擴展至豬、家畜、養殖漁業的應用，希望透過智慧系統，改善各地農場經營者的管理決策、動物繁殖及牲畜健康等管理方針，進而協助畜牧業者打造高品質畜牧環境與精準畜牧機制，提升自我競爭能力。如此不僅可協助人類解決糧食的問題，更為企業創造出新的一套商業模式，未來可積極推出更多樣化的農牧業解決方案，並找出新的潛在客群與獲利模式，為整個行業帶來更高的附加價值，進而促進產業轉型。

15. 電裝公司（DENSO）

公司簡介

　　電裝公司成立於 1949 年，總公司設立於日本愛知縣。為世界第一大的汽車零部件供應商，在全球 30 多個國家和地區設有 184 家關聯企業。原先為豐田汽車零部件供應商，現為豐田集團的一員。

　　電裝提供多樣化的產品及其售後服務，包括汽車空調控制設備和供熱系統、電子自動化和電子控制產品、燃油管理系統、散熱器、火花塞、組合儀錶、過濾器、產業機器人、電信產品及信息處理設備等，其中有數 10 種產品市占排名世界第一。

轉型動機

　　高效能和自動駕駛的發展，再加上全球各國的政策傾向使用節省能

源的車輛，帶動汽車產業經歷全面性的轉型。電動車的崛起已經勢不可擋，但對於許多起步較晚的車廠而言，從零開始開發太慢，因此必須透過品牌之間的互相合作來切入。

此外，近幾年受到中美貿易、關稅議題與景氣循環等多重因子影響，國際車市相對較為波動，連帶影響國際車廠的銷量。為了避免產品過度集中單一產業，電裝不得不伸出觸角進行業務多角化，利用現有技術與產品應用到汽車以外的產業。

轉型方向

自動駕駛技術最終目標是完全不仰賴人便可駕駛，電裝在 2017 年 8 月宣布與安謀（ARM）、Imagination Technologies、新創企業 ThinCI 等業者進行技術合作，並獨資成立汽車半導體設計廠 Nsitexe，設計 DFP（Data Flow Processor），研發出在同樣的自動駕駛運算負荷下，耗電不到原先 GPU 10% 的 DFP，可更有效率進行自動駕駛的環境認知與決策判斷。

在新事業的拓展方面，與溫室製造商大仙共同發展新世代農業。由於電裝具備調控車內空調與環境的 know-how，而溫室栽培的關鍵取決於能否有效調控、提供最適宜的溫室環境，兩者在應用上有所雷同。因此電裝找上溫室製造廠大仙、種苗場 Toyotane 合作，合作研發溫室調控系統，打造新一代農業溫室，並運用使作物不致乾枯的噴霧器適時噴霧。此外，活用電裝在車內空調的技術，讓車內日曬較炎熱的座位多吹冷氣，另一側則調弱風力的 know-how 運用在溫室的噴霧器上。。

此外，電裝也將觸角伸向其他產業，其投資的子公司開發出協作機器人「COBOTTA」，具備特殊防夾設計，因此不需額外安裝柵欄即可

使用。機身上嵌入了 6 個感測器，讓使用者能隨時監控運作情形，以確保操作過程安全無虞，且可於各場景運用，如藥品開發、教育、醫療等。此外，機器手臂也可協助製造業者提升效能：如透過搭配無人商店概念連結到 IoT 互聯網進行大數據分析，以及利用 QR Code 應對過程中不同工站並結合 3D 掃描，讓客戶採用機器手臂進行分料作業，省去不少人力與時間。由此可見，電裝研發出的各項產品，可為客戶提供更多元的自動化服務與解決方案。

轉型啟發

本業方面，電裝以汽車硬體、車用電子與各式零組件起家，不過隨電動車、自駕車逐漸成為汽車產業的發展趨勢，相關產品與過往單純製造車用等系統不盡相同，必須有更多與科技、半導體技術的連結，電裝便開始與世界汽車大廠合作，和國際半導體大廠接軌，將自身與其他科技領域的技術結合，共同切入車聯網市場，打造出效能更佳、功能更多產品。另一方面，電裝也勇於將自身技術向外延伸，例如善用其車用空調的專業，跨至農業領域，將其應用在溫室的溫濕度調配系統；或是將對於硬體的專精拓展到其他製造業與醫療產業等。在這樣的策略下，即可達到產品定位多元化、吸引到新客群的效果，進一步帶動商業模式的改變。

台灣的傳統製造業的產品往往瞄準特定客群，因此商業模式較單一。若能以原始專精的技術為出發點，思考更多可以應用的方向，透過與其他產業的企業合作，或許可以迸發出不一樣的火花，並開啟新的產品應用與市場。

16. 微軟（Microsoft）

公司簡介

微軟公司成立於 1975 年，為提供各種電腦安裝設備驅動程式並提供一系列的軟體產品的開發、製造、授權。軟體產品包括伺服器、個人電腦和智慧設備的可升級操作系統，以及客戶端和伺服器環境下的伺服器應用軟體、資訊工具應用軟體、商業解決方案應用軟體及軟體開發工具等。微軟也提供顧問服務和產品支援服務，並培訓和授權系統整合及開發人員。其最為人所知的產品為 Microsoft Windows 作業系統的 Microsoft Office 系列軟體。

轉型動機

過去數十年以來，微軟一向都以電腦作業系統稱霸 IT 業界，不過在行動裝置逐漸興起的影響下，PC 產業漸漸開始進入成長停滯期，傳統 PC 市場漸失過往固定換機模式，即使銷售旺季也激不起消費者熱情，以往廠商賴以技術驅動消費的模式，亦難以推動市場。

此外，自 2000 年以來，隨著智慧型手機、行動裝置成為主流，Apple、Google 崛起，分別帶領著 iOS 和 Android 陣營。有鑑於此，諸多相關的軟硬體應用也如雨後春筍般出現，如 Facebook 社群軟體等。在這樣的情勢下，身為後進者的微軟不斷地被上述業者在各個領域所超越，在數個新涉足的領域均難有突出表現，包含電子書、音樂、搜尋、社群網路等等。Apple、Google 等都革新了應用服務、社群媒體體驗，

而微軟卻仍極大地依賴於 Windows、Office 和伺服器軟體等舊產品作為公司營收主要來源。

轉型方向

微軟將 Windows 部門旗下各產品線將重新劃分為「雲端及人工智慧平台」及「體驗與裝置」兩大團隊。前者包含 Azure 雲端平台及人工智慧研發與 AR 裝置等平台技術；後者則包括 Surface 系列電腦、Office 軟體及 Windows 新功能研發，顯示微軟營運重心的調整。

Microsoft Azure 為一共有雲端服務平台，提供豐富的雲端運算服務，服務領域包含運算與網路、網路與行動、資料與分析、身份識別與存取管理等。該平台不但可讓用戶方便管理全球性資料中心，以網路快速建置、部署及管理應用程式，更能使用任何語言、工具或架構來建立應用程式，並將共有雲端應用程式與現有的 IT 環境進行整合，可說是一個幫助設計者加速應用程式創意發想的大力助手。

此外，微軟也深耕 AI 技術，近年來無論是在物體偵測、語音識別、機器翻譯或自然語言理解技術方面皆有所突破。以「微軟小冰」為例，起初只能文字溝通，到後來具備視覺辨識及聲音交流的感官能力，截至現階段已可以和用戶進行聊天。微軟的智慧語音助理 Cortana，近幾年也開始與自家產品如 Office 365 等整合，搖身一變成企業辦公室助手，協助安排或提醒待辦等事項。

在遊戲方面，微軟也跳脫銷售主機模式，將 Xbox 也轉換成服務訂閱 Xbox Game Pass。2018 年時更打造出雲端遊戲串流服務「Project xCloud」，為那些沒有傳統主機的玩家，開啟 Xbox 的世界，未來在行動裝置上也能體驗家用主機等級的遊戲品質。

轉型啟發

　　微軟下定決心轉型後，除了持續推動著雲端運算服務，也調整過去以套裝軟體銷售為核心的產品策略，採用新的商業模式。自 Windows 10 開始，微軟讓使用者可以持續更新，並且加快導入新功能的速度，形同將傳統作業系統轉變為平台服務。而文書作業軟體 Office 由過往套裝銷售的模式改為訂閱制度之後，讓使用者得以依照個別需求，挑選更合適的訂閱方案。

　　對於台灣企業來說，微軟轉型案例創造出全新的局面但也帶來新的衝擊。過去在 Windows 跟 Intel 所架構的所謂「Wintel」環境之中，台灣廠商可以專注在 PC 零組件的製造與開發，可在供應鏈的某個環節中，找到水平分工的切入點，往往可倚靠成本、交期和生產彈性優勢立足產業。如今 Wintel 架構的影響力不比以往，當運算裝置可由使用者來進行定義時，產業鏈形同解構，不同於以往的水平分工模式，台灣產業必須因應軟硬體垂直整合趨勢並做出角色調整。企業在開發應用時，也應選擇跟特定領域專家，因唯有親自進入特定的應用場域了解，並結合專業知識，才具備打造出具有價值解決方案的條件。

17. 小松製作所（Komatsu）

公司簡介

　　小松製作所成立於 1917 年，為日本的重化工業產品製造公司也是全球營建機械和採礦設備製造商的龍頭之一。主要為工程與採礦機械、工業機械的製造，包括挖掘機、推土機、裝載機等工程機械，各種大型

壓力機、切割機等產業機械。

　　小松在全球各地皆設有地區總部，集團子公司 190 家。小松製作所除了於建築工程機械、產業機械技術具有一定領先程度外，同時也涉足電子工程、環境保護等高科技領域。

轉型動機

　　根據日本中央勞動災害防制協會的資料指出，2018 年日本有超過 300 位工人在建築工地中因事故死亡，同時也有近 15,000 人因此受傷，工作傷害成為一大隱憂。此外，日本近年來人口高齡化的問題日趨嚴重，勞動力已面臨青黃不接的狀況，營建業尤其屬於高度仰賴人工的產業，被迫面對巨大的挑戰。

　　另一方面，小松製作所的業績曾在 2000 年初身陷谷底，故公司整體營運策略轉向產品的「汰弱留強」，著重於發展強項，並做出領先業界的產品。

轉型方向

　　小松製作所提出智慧土木業物聯網平台概念，利用無人機、無人駕駛推土機等，自動執行建築工地的大部分前期奠基作業，使工地現場的工況均使用 ICT（資通訊技術）完成訊息採取、產出數據、制定方案、控制機械，並以高安全性、高效率的方式進行施工。同時，藉導入 NVIDIA GPU 的影像處理、虛擬化與 AI 技術，能將營建工地的整體環境製作成 3D 視覺化影像，可即時顯示作業人員、機具與物件的作業情況。Jetson 與 NVIDIA 雲端技術協作，更使嵌入至小松製作所營建機具

的攝影機能呈現 360 度環景視野，並具備辨識現場作業人員和器具的能力，以及避免碰撞和其他事故的發生。

另一方面，小松 KOMTRAX 有助於收集資料，進行機具及時維修、正確使用方式教學等。因小松的設備被廣泛使用，可收集大量產業數據，透過對於數據的搜集洞察，小松開啟一連串數位服務，為客戶提供優化建議。例如只要知道燃料的使用量，便能藉由對燃料使用量多的客戶與使用量少的客戶之間的差異進行分析，來釐清雙方操作方式的不同，並給予燃料使用過多的客戶節省能源的建議。這樣不僅讓客戶可受惠，對小松及經銷商也有助益；因讓客戶以適當的方式操作自家的機械設備，可以維持機械本身的價值，如此便能在二手市場以高價脫手，亦有利於維持小松品牌的形象。

轉型啟發

解決營造業缺工問題為台灣必須面對的重要課題之一，而相較傳統施工方式的人工測量、計算、制定方案，智慧化建設速度更快，效率更高，數據更精確。因擁有精確的 3D 畫面可以計算出施工方案傳輸到智慧化設備進行施工，工人技術水平有限或是工況嚴峻的情況都可以獲得解決，有助於緩解因人口老化缺工的問題。

除了帶來產業的革新外，由本案例可看出，小松在經歷數位轉型後，不同於過往以「機具銷售額」為核心，而是更重視導入設備的軟體與智慧化應用，推出一系列提升客戶效率的「服務」。其所推出的智慧營造服務，可提供建商客戶多種解決方案，賺取軟體平台與服務費等。由此可見，建立開放的物聯網平台規格，公司不但可以獲得更多軟體服務、提升自身設備的應用水準，更可藉機轉型，將定位導向高階、高利

潤設備的領域發展，小松往後的獲利模式，將不再僅是侷限在機械設備銷售台數的多寡，而是更多元化的軟硬體服務。也因客戶可「訂閱」其協助整地、挖掘土石等多項服務，小松可說是踏入了所謂訂閱經濟的新商業模式。

18. 麥格羅—希爾教育集團（McGraw-Hill Education）

公司簡介

McGraw-Hill 創辦於 1888 年，是全球知名的教科書出版商，產品涵蓋 K-12、高等教育到在職教育等書籍，範疇相當廣泛；其中，K-12 營收占整體 35%、高等教育營收占 42%、國際教育營收占 16%、專業性書籍營收占 7%。前段時間由於集團連年經營不善，2013 年將集團內教育出版業務轉售給私募股權公司，並開始積極推動轉型策略。

2019 年 McGraw-Hill 宣布與知名教育出版社 Cengage 以全股權平等交易方式合併，成為全球第二大教育出版商（僅次於 Pearson），兩大公司不僅在業務上有高度重疊，近期也都致力於開發數位化產品，合併後將持續推動「數位優先」的發展策略。

轉型動機

過去教科書出版商長期維持相當傳統的經營模式：學校教授與出版商簽約合作，由教授撰寫教科書內容，出版商負責印刷成書，並將書籍販售至各級學校使用；若書籍銷售良好，則會透過每年更新與再版，持續在市場上販售與流通。然而，過於單一的商業模式容易受到外在環境

變動的影響，隨著數位化時代來臨、使用者習慣的轉移，傳統教科書模式面臨嚴峻挑戰。

此外，隨著二手教科書轉售、大量免費或低價位教學素材（如：線上教學網站、雜誌文章、開放教育資源等）等多元來源提供學生與教師各式教材替代方案，教科書的必要性與重要程度降低，透過傳統途徑銷售的教科書營收因而大幅縮減。

轉型方向

自 McGraw-Hill 集團 2013 年因為經營不善，將教育出版部門轉賣給私募股權公司後，公司便聘用 David Levin 擔任 CEO，重整內部經營團隊，並展開一系列的轉型舉措。其中，最關鍵的部分在於人事任用與公司定位的重整，讓傳統教育出版業在數位化時代能「商模再造」並邁向新生。

人事任命方面，除了 CEO 本身來自高科技產業外，McGraw-Hill 也延攬具備軟體開發、行銷及學習科學等背景知識者，擔任 CMO（Chief Marketing Officer）、CDO（Chief Digital Officer）以及分析與研發部門（Analytics and R&D）主管，重新思考在數位化浪潮下 McGraw-Hill 的定位與價值，期許從傳統出版商轉型為學習科技公司。

其次，公司回歸以使用者為核心的策略，不僅將旗下許多產品進行數位化，並強化數位平台上使用者數據蒐集力道，也回應用戶需求推出數位化的解決方案。如：彈性的「Inclusive Access」訂閱方案（高等教育），改變過去要求每位學生購買課堂指定教科書的狀況，改由學校或科系統一購買數位學習方案，讓每位學生皆能收到所有教學內容與課程素材。此舉不僅降低學生的書籍費用負擔，達到普惠教育目的，也能為

McGraw-Hill 產品轉換成本，並創造新營收來源。

另外，因應新興應用媒介的普及，McGraw-Hill 也嘗試新興學習素材的開發，期望能夠作為現有產品服務的輔助，或藉由新興技術與價值提升學生學習的成效。舉例來說，2019 年 5 月 McGraw-Hill 與教育新創公司 Alchemie 合作，共同開發大學化學科目的 AR、3D 行動學習工具，旨在用更生動的方式說明與輔助，協助學生理解複雜的科目。

此外，McGraw-Hill 也積極併購教育新創公司，將新創公司核心技術或產品整合到現有的服務當中。2013 至 2019 年期間，McGraw-Hill 併購 4 家教育新創公司，以強化公司的軟體工具、數據分析等能力。

轉型啟發

McGraw-Hill 自 2013 年開始認知到傳統出版模式已不敷使用，因此從公司人事面、業務面進行大幅度的調整，包括聘用具備科技、軟體與行銷背景高階主管、積極併購教育新創公司及策略性收購知名出版社 Cengage 等，不斷提升公司的軟體與技術能量，進一步將公司自我定位從傳統教科書出版商，轉變為學習科技解決方案提供者。

2018 年 McGraw-Hill 整體營收為 16 億美元，其中高等教育數位產品銷售占比為 63%（2016 年為 56%），K-12 領域數位產品銷售占比為 35%（2016 年為 21%），可見數位轉型已初具成果。

要讓學習走向數位化與智慧化，行為數據蒐集可說是最底層的基礎，藉由數據的分析，不僅能了解用戶的需求與偏好，作為擬定未來新產品服務的參考，也能夠即時反饋學習成效，讓學生、老師掌握學生的學習狀況與歷程，有助於更精準地提供教學輔導。

19. 網飛（Netflix）

公司簡介

Netflix 為提供網路隨選影片（OTT，over the top）公司，由 Reed Hastings and Marc Randolph 於 1997 年在美國創立，以提供線上電影 DVD 出租服務為主，自 1999 年開始推出訂閱服務，透過固定月費提供會員無限制的 DVD 租賃，隨後在 2007 年正式推出 OTT 服務，提供會員即時在個人電腦上觀看電視節目和電影，並逐漸取代其 DVD 租賃業務。目前 Netflix 在全球 190 多個國家擁有超過 1.51 億付費會員，內容從電影擴展至各式電視連續劇、紀錄片和故事片，觀看裝置也從個人電腦，延伸至智慧型手機、平板電腦甚至是電玩主機。

隨著積極投入高額成本推出自製節目，Netflix 影響力從線上平台擴展至傳統影視相關獎項，包括 2014 年獲得 31 項黃金時段艾美獎提名、2018 年以紀錄片「伊卡洛斯」贏得第 90 屆奧斯卡獎最佳紀錄片等。

轉型動機

主要業務從 DVD 租售轉型為網路隨選影片成功後，Netflix 將服務擴展至美國以外其他國家，並在 2013 年首次推出原創作品，然而隨著行動聯網裝置普及，消費者開始習慣在不同螢幕觀看個人偏好內容，加上其他競爭對手出現，如大型電視網推出的 OTT 服務如 CBS All Access 和 HBO Now 等，以及其他後進的小型影劇串流平台如 Britbox（英國廣播公司 BBC 與英國獨立電視公司 ITV 共同創立），挾豐富影

音資源對 Netflix 發起挑戰。

轉型方向

面對網際網路帶來的衝擊，Netflix 借鏡 YouTube 網路即時觀看的作法，改變以「下載全片」為主的觀看思維，在 2007 年推出串流服務，除了提供更便利的影片觀看模式，也解除傳統電視只能在特定時間提供特定節目的限制，提供使用者更靈活的觀看方式，並透過低廉費用提供大量內容，吸引用戶付費觀看正版內容以解決盜版問題，因此數位轉型方向主要偏向「商模再造」。

此外 Netflix 專注於個人化內容推薦功能，藉此更有效地將平台的豐富內容依照用戶需求推薦給不同使用者，除了幫助用戶在使用上更加便利，還能持續延長作品影響力，如「紙牌屋」第一季透過推薦，即使在節目熱潮降低後，仍然能吸引大量新用戶觀看。

面對類似網路隨選影片平台興起，Netflix 進一步將目標鎖定為爭奪用戶上網時間，其主要方式為「持續投資原創內容」：透過原創作品的觀看狀況，更清楚了解用戶需求，以及如何有效地製作和推廣，藉此打入全球市場，並持續增加用戶數量。Netflix 認為，透過更在地化、製作更符合用戶需求的原創內容，可幫助 Netflix 打贏削價競爭的價格戰，持續吸引更多用戶，而龐大的會員基礎則能提供了更大的成長規模，使 Netflix 能夠透過原創內容吸引更多的新進用戶，即「用戶－內容－收入」的飛輪效益。

轉型啟發

透過推出影音串流服務，並持續針對用戶使用習慣進行改進，Netflix 改變核心業務 DVD 租賃衰退的趨勢，將其轉換為次要業務，2018 年在美國 DVD 部門仍有 270 萬訂戶，帶來 2.12 億美元營收，而串流業務則帶動整體成長，平台訂閱人數從 2002 年的 85.7 萬成長至 2019 年擁有超過 1.39 億名付費會員，是目前全球市佔率最高的 OTT 平台。透過 Netflix 轉型案例，可發現其主要轉型核心在於如何持續吸引用戶使用該平台服務，其中原創內容被視為推動飛輪效益的主要關鍵，未來影劇串流平台除了追求數量（外購電影、劇集、節目）、追求品質（平台使用體驗、原創內容），未來則需更進一步追求體驗。

因此，相關影劇服務需要從「吸引用戶」為出發點，嘗試更多符合個別用戶需求的服務，如互動式敘事、多元結局、VR 平台等娛樂形式，以及對於不同領域的超級粉絲（Super Fans）提供粉絲鏡頭（Fan Cam）等新服務，藉此一來能將既有與新創的影音資源進行更有效發揮，其次則可更貼近數位時代用戶的使用習慣。

20. 西田集團（Westfield）

公司簡介

Westfield 是 1959 年成立於澳洲雪梨的購物中心，並於 1960 年在雪梨證交所（Sydney Stock Exchange）上市，現已發展為跨國性商場管理集團，在澳洲、紐西蘭、美國與歐洲共有 35 個大型購物中心，每年來客量達 4.1 億人次。2017 年 12 月，歐洲最大商業地產公司 Unibail

Rodamco 以 247 億美元收購 Westfield 集團。

轉型動機

因應電子商務與智慧零售的轉型浪潮，跨國購物中心 Westfield 在 2012 年成立 Westfield Labs，致力於進行各種零售科技的創新嘗試，至今 Westfield Labs 已從內部研發中心性質升級為集團獨立事業體 Westfield Retail Solutions。2017 年 12 月 Westfield Retail Solutions 更名為 OneMarket，並於 2018 年 4 月分拆成為獨立新創公司。

轉型方向

Westfield Labs 在 2012 年成立之初，是作為內部研發中心的角色，在歷經 5 年後，已逐漸發展為成熟的獨立事業體，在數位轉型的過程中一步步進行「商模再造」。Westfield 的數位轉型方向主要可分為以下幾個階段：

階段 1：累積數據、引進內容。Westfield Labs 致力於透過各種管道與方式（如導購平台、新創社群等）蒐集數據與內容，包含消費者端的瀏覽數據、消費行為、不同零售業者的科技需求，以及零售科技創新解決方案或構想，累積零售科技相關的 know-how 與未來創新能量。

階段 2：進行實驗性計畫。Westfield Lab 作為集團創新樞紐與核心推動團隊，以舊金山 Westfield 為實驗基地，結合內外部資源，進行各項短期、階段性、單點的試驗性計畫。

階段 3：擴大與複製。將試驗性計畫擴大運用至全球其他購物中心分支，例如導購電商平台、Dine on time 一開始都是從澳洲 Westfield 試

行，之後才將此概念擴大複製到其他區域的購物中心，如舊金山 Westfield 等。

　　階段 4：商業化發展。此一階段的 Westfield Labs 已脫離內部實驗團隊的角色，而是將多年的零售科技經驗輸出，並進一步開發外部的商業客戶，如機場與旅館。目前 Westfield Retail Solutions 的四大解決方案包含：智慧停車（smart parking）、產品搜尋（product search）、導航（wayfinding）與數位機台（digital kiosk）。

轉型啟發

　　經營規模較大、擁有較多空間與顧客資源的百貨公司業者，其智慧化目標可以不只在零售本業的提升，亦是零售科技的整合者，或零售科技的創新育成者。如同 Westfield 透過各種實驗計畫、新創空間、加速器計畫的運作，Westfield 運用本身所累積大量的零售 know-how 以及可直接面對消費者的實體賣場，為零售科技創新應用打造出一個很好的試煉場域。

　　因此零售業者除了透過數位化工具提升本業效率與體驗外，亦可思考新的經營角色，甚至在本業中發展出新的營收項目（商業模式創新），在智慧零售中扮演更積極關鍵的角色。

21. 紐約時報（The New York Times）

公司簡介

　　創辦於 1851 年的紐約時報是一家美國日報，隸屬於全球性多媒體

新聞集團，核心業務以新聞為核心，主要產品從報章紙本開始，在數位化策略下逐步拓展至網路、手機 App，並導入多媒體應用（虛擬實境、擴增實境）。截至 2019 年，紐約時報實體與數位訂戶數量已達 470 萬人次。根據紐約時報公司總裁兼首席執行長馬克湯普森表示，隨著數位用戶數量持續增長，紐約時報目標在 2025 年達到 1,000 萬訂閱總量的目標。

轉型動機

面對數位化風潮，紐約時報其實早在 1996 年就有線上數位版新聞網站 NYTimes.com，更在 2005 年推出付費模式（TimeSelect），針對網站上專欄作家與歷史圖文等進行收費。由於包括社論等紐約時報具影響力的專欄受限制閱讀，造成訪客人數持續下滑，甚至引發內容生產者批評，因此紐約時報在 2007 年 8 月將網站改為全面免費，初次嘗試收費制卻以失敗告終。由於訪客人數持續下滑，紐約時報不僅在 2008 年將總部大樓抵押貸款，更面臨倒閉或被併購的危機。

轉型方向

紐約時報面對廣告與訂閱數衰退，以及推出付費模式策略未能持續增加讀者與營收，在穩定公司最重要資產（編輯、記者）後，紐約時報強調重新擬定其數位產品策略：將營利模式從廣告營收轉為針對核心商品（新聞內容）的投資，將紐約時報打造為網路、社群媒體最具權威的訊息來源，因此數位轉型方向主要偏向「商模再造」。

紐約時報於 2011 年推出「付費牆」（Metered Paywall）」，開放所

有內容並提供免費閱讀篇數吸引新讀者、輕度讀者，至於重度讀者則可付費觀看更多新聞的模式，使訂戶在 2013 年占總營收比例成長為 52%，隨著付費牆策略成功，在 2014 年紐約時報公布內部擬定創新報告（The New York Times Innovation report），強調在維持新聞品質與可信度之下，針對「報導模式」、「員工」與「工作模式」進行改革：在報導模式上，紐約時報強調更積極接觸新科技以黏著網路用戶；在員工方面，針對傳統新聞團隊進行溝通與講解，促進人才數位轉型意願；在工作模式上，則鼓勵記者等內容生產者更積極與業務單位溝通，以了解讀者需求。

2017 年，紐約時報更進一步公布其 2020 年計畫（Journalism That Stands Apart），強調在新聞呈現上配合數位閱聽眾習慣，提供包括電子報、排行榜、播客、影音與新聞 QA 等方式，讓接觸紐約時報內容成為習慣。「員工」方面，除了持續培訓其舊有記者數位化能力，也進一步招聘更多元優秀記者（包括種族、國籍、性別與創作能力等）。而「工作模式」則聚焦在提供新聞從業人員對於數位內容創作的願景及從紙本思維中轉型。此外，紐約時報也設定三大目標，包括「持續掌握讀者相關數據」、「強化新聞編審品質」與「持續精進數位化新聞呈現方式」。

轉型啟發

付費牆推出之前，紐約時報初次數位化是將網路服務視為印刷紙本的延伸，吸引網路用戶購買紙本的作法並不成功。2011 年付費牆模式推出後，紐約時報透過確立集團核心資源與價值：將產品定位為「紐約時報生產的新聞內容」，讓讀者願意付費獲得更多優質內容，成功帶動用戶數增加。

在確立業務重點首先在於增加訂閱數，其次才是吸引廣告商，其後紐約時報持續著力於內容呈現的數位化與導入新科技應用，如 2015 年推出虛擬實境 App「NYT VR」，提供難民、人物與科幻等新聞 VR 影片、與 Google 合作以人工智慧將歷史照片數位化，以及與智慧音箱 Alexa 合作等，布局未來新聞的新形式與平台。對於傳統新聞產業而言，透過借鏡紐約時報經驗，首先可思考在數位時代下，其內容呈現方式，應更符合讀者使用習慣，如透過短影音、問答、懶人包或插圖等方式降低數位閱聽眾負擔；其次若有意發展訂閱制度，其產品定位必須更加明確，進而提供對於讀者而言有不可或缺、獨特性內容，並吸引讀者付費；此外，需要考量如何兼顧持續導入新商業模式（如前述付費牆），以持續吸引新的讀者。

本書作者群（依姓名筆劃排序）

產業顧問

1. 王義智｜產業顧問

國立中正大學國際經濟所碩士，專業於網路與電子商務產業趨勢研究。APIAA 認證顧問，參與經濟部工業局、技術處、中企處、商業司等計畫。著有《2010 智慧台灣白皮書》、《2010 資通安全政策白皮書》、《2011 台灣文化創意產業發展年報》、《電商網戰：前進兆元市場的競爭關鍵》、《企業需要的創新地圖 1：翻新商業模式的真實故事》、《企業需要的創新地圖 2：新生意，從數位經濟做起》等書。

2. 周維忠｜產業顧問

美國達拉斯大學（University of Dallas）企業管理碩士。專業於資訊應用相關技術、基礎環境與市場趨勢研究，長期深度觀察資訊應用新興技術發展、創新服務模式、市場競爭態勢等。產業研究經歷 30 年，曾任職於工研院材料所、光電科技工業協進會、展新創投、拓墣科技等高科技產業智庫與投資機構。

3. 周樹林｜資深產業顧問

國立台灣科技大學資訊管理碩士、北京清華大學博士候選人，目前擔任MIC 數位轉型研究中心主任。專精於軟體產業、科技應用及商業模式創新等領

域，超過 20 年科技產業研究經驗。曾任政府多項研究計畫主持人，提出政策建言，扮演智庫角色；獲邀至國內外領導廠商擔任顧問，提供新事業與市場發展等策略建議。著有《企業需要的創新地圖》、《新生意從數位經濟做起》等書。

4. 張奇 │ 資深產業顧問

產業經驗 10 年，智庫研究經驗 16 年。專業於 5G、4G、網通、電信產業、行動應用創新等研究領域。曾負責經濟部網通領域各類專案，目前扮演政府 5G 主要智庫之一，並曾與韓國情報研究院委託之中國行動寬頻市場切入策略研究案，及日本野村綜合研究所合作進行台北市 4G 網路投資評估執行案。曾任職於艾德蒙（AOC）、台積（TSMC）、東元集團。MIC 產業分析模型課程講師 10 年，兩本 ITIS 著作獲獎，2014 年獲選資策會專業經理人。

5. 詹文男 │ 資深產業顧問

國立中央大學資訊管理博士。從事高科產業情報顧問服務及擔任政府智庫 30 餘年。曾獲頒中華民國跨越 21 世紀青年百傑獎：工業類傑出楷模、研發服務卓越獎，領導 MIC 於 2013 年榮獲國家產業創新獎：績優研究機構。主要研究領域為高科技產業智慧資本、產業政策與企業策略規劃。曾擔任台灣亞太產業分析師協進會（APIAA）理事長、經濟部顧問、行政院國家發展基金審議委員會委員。著有《新產品篩選與評估》、《產業分析的 12 堂課》、《作自己職場的諸葛亮》（本書榮獲 2013 年中華民國金書獎）等專書。

資深產業分析師

6. 吳駿驊

國立交通大學資工學士，美國伊利諾大學（UIUC）經濟碩士。專業於人工智慧與醫療健康產業研究，研究範疇包括 AI 影像、AI 醫療健康、可再生能源、IC 設計領域之研究。參與執行經濟部「智慧電子」專案、「AI 新創領航」推動計畫，協助研擬我國半導體政策建議與加速台灣 AI 新創團隊商業落地。資光電

產業相關工作經驗 10 年，曾任產業策略幕僚，工作包含產業分析、競爭對手分析、供需模型預測、商業規劃發展等。APIAA 產業分析師認證。

7. 李震華

國立政治大學資訊管理博士。專業於金融科技、資訊安全、人工智慧暨軟體技術應用、區塊鏈與加密貨幣之研究。曾參與「雲端服務暨巨量資料產業發展計畫」、「國防資安產業行動計畫」、「區塊鏈創新生態體系發展旗艦計畫」等專案研究。曾擔任軟體工程師、系統分析師，並於國際手機零組件大廠擔任材料技術研發工作數年。研究範疇為人工智慧、軟體技術、網路應用、區塊鏈技術與數位轉型等。

8. 施柏榮

國立臺灣大學工學碩士、國立東華大學社會科學碩士。專業於新興運算解決方案、智慧聯網硬體系統設備相關研究，包含邊緣運算（Edge Computing）、邊緣運算人工智慧（Edge AI）、智慧城市聯網、智慧農業，與人工智慧倫理（AI Ethic）、腦科學等新興研究領域。範疇涵蓋研發策略規劃、產業技術地圖、技術預測分析等前瞻研究方法，與產業網絡群聚、企業個案分析等。曾參與行政院科技會報辦公室「社會與科技政策溝通平台計畫」、「新興科技趨勢及議題研究」、經濟部「台灣產業技術前瞻研究計畫」、「產業技術前瞻研究與知識服務計畫」、「新興產業技術研發布局及策略推動計畫」、國家發展委員會「國家發展前瞻規劃」、地方政府國際花卉博覽會策展計畫等專案執行。

9. 胡自立

國立高雄大學資訊管理碩士，APIAA 產業分析師認證。專業於行動支付與創新商模，歷練資安、文創科技、共享經濟、智慧內容、體感科技等領域。參與資安產業推動計畫、數位文創內容多元產製與匯集計畫、智慧內容創新應用發展計畫、體感科技創新應用發展推動計畫、科技服務創新應用推動計畫、產

業技術基礎研究與知識服務計畫、AI 領航推動計畫、中小企業行動支付普及推升計畫等研究。曾編撰資安、行動支付等領域的專書與年鑑。

10. 張筱祺

國立政治大學科技管理碩士。APIAA 認證產業分析師。專業於數位經濟、電子商務、數位媒體、創新創業研究。研究範疇包含全球電商產業發展趨勢、國際電商大廠動態研究、網購消費行為調查、創新電商服務模式、熱門議題快速調查。曾參與經濟部「2025 臺灣產業科技前瞻研究計畫」、「促進創育機構價值鏈提升計畫」、科技會報「科技服務創新應用推動計畫」等，具電子商務、創新創業智庫幕僚經驗。

11. 潘建光

大葉大學資訊管理所碩士。APIAA 產業顧問認證。專業於資訊電子產業相關領域之研究，先後研究領域包含伺服器、個人電腦、行動通訊、半導體及光電零組件等。曾參與外商委託之資訊服務市場調查、個人電腦產業分析、政府委託之資通訊全球運籌、國際採購、晶片系統計畫、綠能產業發展、台印國際合作及資訊產業轉型等研究專案。具 16 年以上產業暨研究經驗，曾任職個人電腦業者負責網路行銷、軟體開發公司負責資訊系統分析。

12. 謝佩芬

淡江大學公共政策碩士，APIAA 產業顧問認證。主修公共政策制訂與執行。專業於企業大廠策略與數位轉型研究。曾投入影像顯示產業與伺服器與雲端運算應用產業研究，參與研究計畫包括有「產業結構轉型計畫」與「產業技術基礎研究與知識服務計畫」等大型研究計畫。

13. 鍾曉君

國立中央大學產業經濟學碩士，APIAA 產業分析師認證。專業於下世代通

訊技術研究，包含 5G、B5G ／ 6G、IoT、Cloud RAN 等通訊技術，以及智慧家庭、智慧安全等應用領域範疇研究。過去個人專業領域包含 DSL、Cable Modem 與家庭 VoIP 等有線寬頻通訊技術相關領域產業研究。曾參與經濟部「智慧手持計畫」、「下世代通訊技術推進計畫」、「電信平台計畫」、「通訊產業創新應用服務及 DTV 計畫」等專案。現主要執行經濟部技術處「5G 發展策略與跨域合作技術整合計畫」，協助計畫辦公室掌握全球新世代通訊網路市場脈動，擘劃 5G 暨跨域產業應用發展策略。

14. 韓揚銘

國立中央大學資訊管理博士。專業於人工智慧與智慧製造產業研究。研究範疇包括發展技術趨勢、應用與國際大廠策略研究。參與相關計畫如：「AI 智慧應用新世代人才培育計畫」、「AI 智慧應用服務發展環境推動計畫」、「AI 領航新創計畫」及「台灣產業政策前瞻研究計畫」等新興前瞻和 AI 計畫。曾任國立中央大學、銘傳大學、醒吾科技大學兼任講師、電子商務學報（TSSCI）助理編輯及數位互動行銷公司（ADCAST）系統分析師。

產業分析師

15. 王琬昀

國立中興大學應用經濟碩士，APIAA 產業分析師認證。專業於創新創業商業模式研究，範疇涵蓋國際創新創業政策、國內外創業育成產業研究等。曾投入數位健康產業、銀髮產業、中國大陸總體經濟與新興產業發展等研究領域。曾參與經濟部工業局「兩岸搭橋專案及智庫交流計畫」、「亞太地區產業合作策略研究及智庫交流計畫」、經濟部中小企業處「促進創育機構價值鏈提升計畫」等。

16. 朱師右

美國馬里蘭大學電信碩士、國立台北科技大學機電整合碩士。專業於人工

智慧與數位金融領域研究。歷練美國馬里蘭大學遙測實驗室、人工智慧學校經理人班、美國 MIT 麻省理工學院金融科技專業學程。曾任職於中央研究院、民視、中華電信、台灣大哥大、新光銀行，專責企業策略規劃、創新服務開發、數位金融應用開發、專案規劃。具國際專案管理師 PMP 證照、國際敏捷專案管理師 PMI-ACP 證照、APIAA 產業分析師認證。

17. 吳柏羲

國立交通大學傳播碩士。專業於數位媒體與文創科技研究，涵蓋文創科技應用、新媒體發展、線上影音平台研究分析及多領域消費者需求、網路社群平台使用行為、線上影音偏好與互動分析、數位音樂服務分析等領域。曾參與「台灣流行音樂產業未來發展及推動策略暨文化科技應用研究」等多項計畫。

18. 杜佩圜

國立中山大學企管碩士。專業於雲端服務發展、AI 維運平台研究領域。參與經濟部工業局數位經濟相關計畫。

19. 林忻祐

國立中山大學企業管理碩士，APIAA 產業分析師認證。專業於網路通訊市場研究，範疇包含行動寬頻市場、固網寬頻市場。曾研究 5G 創新商業模式、場域娛樂、運動科技、社群使用者行為等創新商業模式研究。過去任職於國內知名遊戲公司，負責數位行銷、社群經營與電子商務等業務。曾參與經濟部技術處「5G 通訊系統與應用旗艦計畫」、「產業技術基磐研究與知識服務計畫」。

20. 柳育林

國立中央大學產業經濟碩士，APIAA 產業分析師認證。專業於 XR（AR ／ VR ／ MR）體感軟體服務，歷練能源資通訊、綠色金融科技、資訊安全等領域研究。參與過「體感科技創新應用發展與推動計畫」、「智慧內容創新應用發

展計畫」、「智慧內容產業發展計畫」、「新能源及再生能源前瞻技術掃描評估及研發推動計畫」、「需求面管理節能方案與應用技術研究計畫」、「資通訊安全產業推動計畫」等多項政府專案。

21. 涂家瑋

國立中興大學科技管理碩士，APIAA 產業分析師認證。專業於自動駕駛／無人車等領域研究，包含應用趨勢與產業發展動態等。目前參與行政院科技會報辦公室「跨領域前瞻科技應用實證機制推動計畫」、經濟部技術處「AI 領航計畫」、「A+ 企業創新研發淬鍊計畫」等計畫。曾任職於大型法人智庫，並參與行政院科技會報辦公室、經濟部與衛福部等單位資料經濟關聯產業的研析與應用推動計畫，以及臺北市政府資通訊藍圖規劃、智慧城市政策研究等前瞻計畫。

22. 張亞亘

國立交通大學傳播與科技碩士。專業於電子支付相關領域研究。研究範疇包含洞察行動支付產業趨勢、消費者調查分析及創新商業模式研究等。參與經濟部中企處「中小企業行動支付普及推升計畫」。

23. 張皓甯

國立台灣師範大學工學碩士。專業於人工智慧創新應用與資訊安全研究領域。參與經濟部工業局「AI 智慧應用新世代人才培育計畫」與「AI 新創領航計畫」。

24. 陳冠文

國立成功大學企管碩士。專業於智慧零售領域，研究範疇以零售業與電子商務之科技相關應用為主。目前參與經濟部技術處「AI 新創領航計畫」、「產業技術基磐研究與知識服務計畫」。

25. 簡妤安

　　國立台灣大學哲學系碩士，APIAA 產業分析師認證。專業於智慧內容領域，研究範疇以內容科技相關應用為主，涵蓋廠商發展動向、創新商業模式、政策與市場趨勢探討等。參與經濟部工業局「智慧內容創新應用發展計畫」、「智慧內容產業發展計畫」、「體感科技創新應用發展與推動計畫」。

26. 蘇醒文

　　國立政治大學經濟所碩士，APIAA 產業分析師認證。專業於人工智慧新創產品服務與商業模式研究。曾投入於企業數位轉型、智慧零售產業、總體經濟與貨幣政策研究。曾參與行政院科技會報「資料經濟·創新產業生態推動計畫」；經濟部技術處「ITIS 產業技術基磐研究與知識服務計畫」、「5G 通訊系統與應用旗艦計畫」；經濟部工業局「智慧內容產業發展計畫」、「體感科技創新應用發展與推動計畫」。

27. 鐘映庭

　　私立輔仁大學大眾傳播碩士，APIAA 產業分析師認證。專業於數位學習、教育科技研究，涵蓋線上學習平台、AI、AR ／ VR 教育等智慧學習應用領域。目前參與經濟部工業局「智慧學習產業產值調查」專案計畫、高市府經發局「體感科技園區計畫」。

28. 龔存宇

　　美國南佛羅里達大學（USF）市場行銷碩士。專業於伺服器與雲端運算應用產業研究。曾投入虛擬實境（VR）及擴增實境（AR）研究，主要涵蓋 VR 與 AR 之產品技術應用趨勢研究、廠商研究，包含 VR 內容產業、VR 顯示設備等相關產業，研究範圍亦涵蓋人工智慧研發策略計畫等。

國家圖書館出版品預行編目資料

數位轉型力：最完整的企業數位化策略×50間成功企業案例解析 /
詹文男等合著. -- 初版. -- 臺北市：
商周出版：家庭傳媒城邦分公司發行, 民109.05
　　面：　公分. --
　　ISBN 978-986-477-829-4（平裝）

1. 企業經營　2.數位科技　3.產業發展
494.1　　　　　　　　　　　　　　　　　　109004893

數位轉型力：

最完整的企業數位化策略×50間成功企業案例解析

作　　　　者／詹文男、李震華、周維忠、王義智及數位轉型研究團隊
責 任 編 輯／劉俊甫

版　　　　權／黃淑敏、翁靜如
行 銷 業 務／莊英傑、黃崇華、周佑潔、周丹蘋
總 　 編 　 輯／楊如玉
總 　 經 　 理／彭之琬
事業群總經理／黃淑貞
發 　 行 　 人／何飛鵬
法 律 顧 問／元禾法律事務所　王子文律師
出　　　　版／商周出版
　　　　　　　城邦文化事業股份有限公司
　　　　　　　臺北市中山區民生東路二段141號9樓
　　　　　　　電話：(02) 2500-7008　傳真：(02) 2500-7759
　　　　　　　E-mail：bwp.service@cite.com.tw
　　　　　　　Blog：http://bwp25007008.pixnet.net/blog
發 　 　 　 行／英屬蓋曼群島商家庭傳媒股份有限公司城邦分公司
　　　　　　　臺北市中山區民生東路二段141號2樓
　　　　　　　書虫客服服務專線：(02) 2500-7718．(02) 2500-7719
　　　　　　　24小時傳真服務：(02) 2500-1990．(02) 2500-1991
　　　　　　　服務時間：週一至週五上午09:30-12:00；下午13:30-17:00
　　　　　　　郵撥帳號：19863813　戶名：書虫股份有限公司
　　　　　　　讀者服務信箱E-mail：service@readingclub.com.tw
　　　　　　　歡迎光臨城邦讀書花園 網址：www.cite.com.tw
香港發行所／城邦（香港）出版集團有限公司
　　　　　　　香港灣仔駱克道193號東超商業中心1樓
　　　　　　　電話：(852) 2508-6231　傳真：(852) 2578-9337
　　　　　　　E-mail：hkcite@biznetvigator.com
馬新發行所／城邦（馬新）出版集團【Cité (M) Sdn. Bhd】
　　　　　　　41, Jalan Radin Anum, Bandar Baru Sri Petaling,
　　　　　　　57000 Kuala Lumpur, Malaysia
　　　　　　　電話：(603) 9057-8822　傳真：(603) 9057-6622
　　　　　　　Email：cite@cite.com.my

封 面 設 計／李東記
排　　　　版／新鑫電腦排版工作室
印　　　　刷／高典印刷有限公司
經 　 銷 　 商／聯合發行股份有限公司
　　　　　　　電話：(02) 2917-8022　傳真：(02) 2911-0053
　　　　　　　地址：新北市231新店區寶橋路235巷6弄6號2樓

■2020年（民109）5月5日初版1刷
■2023年（民112）3月23日初版11.6刷
定價 420 元

Printed in Taiwan
城邦讀書花園
www.cite.com.tw

廣	告	回	函
北區郵政管理登記證
台北廣字第000791號
郵資已付，免貼郵票

104台北市民生東路二段141號2樓

英屬蓋曼群島商家庭傳媒股份有限公司　城邦分公司

請沿虛線對摺，謝謝！

書號：BT1001	書名：數位轉型力	編碼：

讀者回函卡

感謝您購買我們出版的書籍！請費心填寫此回函卡，我們將不定期寄上城邦集團最新的出版訊息。

不定期好禮相贈！
立即加入：商周出版
Facebook 粉絲團

姓名：＿＿＿＿＿＿＿＿＿＿＿＿＿＿＿＿＿＿　性別：□男　□女

生日：西元＿＿＿＿＿＿年＿＿＿＿＿＿月＿＿＿＿＿＿日

地址：＿＿＿＿＿＿＿＿＿＿＿＿＿＿＿＿＿＿＿＿＿＿＿＿

聯絡電話：＿＿＿＿＿＿＿＿＿　傳真：＿＿＿＿＿＿＿＿＿

E-mail：

學歷：□ 1. 小學 □ 2. 國中 □ 3. 高中 □ 4. 大學 □ 5. 研究所以上

職業：□ 1. 學生 □ 2. 軍公教 □ 3. 服務 □ 4. 金融 □ 5. 製造 □ 6. 資訊

　　　□ 7. 傳播 □ 8. 自由業 □ 9. 農漁牧 □ 10. 家管 □ 11. 退休

　　　□ 12. 其他＿＿＿＿＿＿＿＿＿＿＿＿＿＿＿＿＿＿

您從何種方式得知本書消息？

　　　□ 1. 書店 □ 2. 網路 □ 3. 報紙 □ 4. 雜誌 □ 5. 廣播 □ 6. 電視

　　　□ 7. 親友推薦 □ 8. 其他＿＿＿＿＿＿＿＿＿＿＿＿

您通常以何種方式購書？

　　　□ 1. 書店 □ 2. 網路 □ 3. 傳真訂購 □ 4. 郵局劃撥 □ 5. 其他＿＿＿＿

您喜歡閱讀那些類別的書籍？

　　　□ 1. 財經商業 □ 2. 自然科學 □ 3. 歷史 □ 4. 法律 □ 5. 文學

　　　□ 6. 休閒旅遊 □ 7. 小說 □ 8. 人物傳記 □ 9. 生活、勵志 □ 10. 其他

對我們的建議：＿＿＿＿＿＿＿＿＿＿＿＿＿＿＿＿＿＿＿＿＿

＿＿＿＿＿＿＿＿＿＿＿＿＿＿＿＿＿＿＿＿＿＿＿＿＿＿＿

＿＿＿＿＿＿＿＿＿＿＿＿＿＿＿＿＿＿＿＿＿＿＿＿＿＿＿